完全图解编程原理

【日】增井敏克【著】
陈欢【译】

中国水利水电出版社
www.waterpub.com.cn
·北京·

内 容 提 要

说到编程，你脑海中可能立刻会闪现出C、C++、Python、Java、JavaScript等词汇，甚至有人也会想到“编程思维”“算法”等词汇，但编程具体是指什么呢？会涉及哪些内容呢？很多人可能并不清楚。《完全图解编程原理》以图解的形式，对与编程相关的知识，如编程语言的特征、如何处理数值和数据、算法、程序开发和测试方法、Web技术与安全等进行了全面讲解，可以说是一本关于编程的百科全书。

《完全图解编程原理》语言通俗易懂、插图直观清晰，特别适合计算机相关专业的学生、相关商务人士、IT企业管理人员，以及所有开始学编程和想了解编程相关知识的人员学习，也适合作为案头手册，供读者随时翻阅。

图书在版编目（CIP）数据

完全图解编程原理 / (日) 增井敏克著 ; 陈欢译. -- 北京 : 中国水利水电出版社, 2023.3
ISBN 978-7-5226-0846-4

Ⅰ. ①完… Ⅱ. ①增… ②陈… Ⅲ. ①程序设计–图解 Ⅳ. ①TP311-64

中国版本图书馆CIP数据核字(2022)第134108号

北京市版权局著作权合同登记号　图字：01-2021-6555

书　　名	完全图解编程原理 WANQUAN TUJIE BIANCHENG YUANLI
作　　者	[日] 增井敏克　著
译　　者	陈欢　译
出版发行	中国水利水电出版社 （北京市海淀区玉渊潭南路1号D座 100038） 网址：www.waterpub.com.cn E-mail：zhiboshangshu@163.com 电话：（010）62572966-2205/2266/2201（营销中心）
经　　售	北京科水图书销售有限公司 电话：（010）68545874、63202643 全国各地新华书店和相关出版物销售网点
排　　版	北京智博尚书文化传媒有限公司
印　　刷	北京富博印刷有限公司
规　　格	148mm×210mm　32开本　7.5印张　269千字
版　　次	2023年3月第1版　2023年3月第1次印刷
印　　数	0001—4000册
定　　价	79.80元

前言

在开始写作本书时，为选择什么标题作为书名这个问题，我曾经苦恼了很久。是选择“完全图解程序的原理”好呢，还是选择“完全图解编程原理”更好呢?

如果选用“完全图解程序的原理”，那这本书就是讲解关于程序是如何运行的书籍。例如，保存在硬盘中的程序是如何被读取到内存中的? CPU又是如何对程序进行处理的? 相信对这部分内容感兴趣的读者还是很多的。

而如果选用“完全图解编程原理”，那么本书的讲解内容将会非常广泛，与软件开发相关的，如编程语言、开发方法、开发中使用的工具、程序员的工作方式，以及在编程时需要考虑的诸多事项等都会涉及。

思前想后，我最终决定将本书的名字定为“完全图解编程原理”。因此，本书将要讲解的不是程序如何运行，而是作为程序员应当如何思考问题，如何推进开发，在开发时哪些术语是必须要掌握的等内容。我们将以此为主题，对编程中涉及的术语进行详细的介绍。

学习编程，一开始就会面临的一个门槛是“不懂术语”。编程语言有很多种，想要创建的应用也因人而异，如Web应用、桌面应用、智能手机App等各种应用。当然，如果执行环境发生了变化，我们需要掌握的知识也会有所不同。

即使是将编程作为工作，那么是以开发套装软件为主? 以承包开发为主? 还是以开发Web上提供的服务为主? 根据不同的工作内容，需要掌握的知识也会不同。

此外很多新的技术也会不断涌现。例如，以前人们通常是将数据保存在硬盘、U盘等存储设备中，近几年人们将数据保存到云盘也是理所当然的事情了。而网络环境的变化，以及由于新型攻击方式的出现，需要在安全性方面进行应对等问题，都需要程序员有面面俱到的知识储备。

在实际工作中，涉及专业术语的对话是随处可见的。这些具体的知识只能在业务和实践中积累，但你如果连专业的术语都没有听说过，就可能会跟不上别人的节奏，与人交流时也会听得云里雾里的。即便你只是粗略地知道一点，知道这术语所指的“大概意思”和“相关知识”，那么也还是可以跟得上节奏的。至于更加详细的知识，则可以在要使用的时候再去查阅。

虽然这里多次使用了“知识”这个词，但是编程并不是一门需要死记硬背的科目。因为无论你积累了多少书本的知识，也不代表就会编程了。

常言道“实践出真知”，编程也是一样的。不是说谁教你了，你就会了，更别说只是掌握了一点书本知识。如果这样都能够学会编程，恐怕这个世界上就没有因为编程而受挫的人了。

总而言之，要学习编程就必须亲自在键盘上输入源代码，并实际去尝试执行。然后，在发生错误时，对其进行修正。只有不断地重复这一过程，才能最终找到进入编程世界的大门。

因此，在完成本书的阅读之后，请大家务必对自己感兴趣的关键字进行详细的了解。然后，尝试实际的动手操作，编写属于自己的程序。

本书中所讲解的术语只是编程技术的极少一部分。实际进行编程时你会发现，还有其他大量的专业术语需要去了解。此外，技术的变化是很快的，一些新的术语也会不断出现。

不过，如果是全新的知识，那么几乎也没必要去掌握。因为大多数术语，要么是对以往的技术稍加修改，要么是为了解决以前存在的问题进行的些许改进。

但是为了理解其中的差别，学习历史和过去的技术是非常必要的。希望大家不要因为讲解的内容与现在的工作无关就跳读，而是应当抱着“还有这样的技术呀”的心态去了解。当然，大家也不需要从头开始严格按顺序地阅读本书的所有内容，而是可以从感兴趣的标题和关键字出发，慢慢地逐步拓宽自身的知识范围。如果本书能够成为大家对编程产生兴趣的契机，那将是笔者莫大的荣幸。

增井敏克

特别赠送

本书对编程的基本知识进行了讲解。由于版面原因，无法展示对于算法和安全技术的讲解（PDF 格式），以及本书中展示的程序代码将以配套资源的形式赠送给读者。请通过下列任一方式获取，并进行更深入的学习。

（1）网盘下载：扫描下面的“人人都是程序猿”二维码，关注后输入 TJBC 并发送到公众号后台，获取资源的下载链接。将链接复制到计算机浏览器的地址栏中，并按 Enter 键进行下载。注意，在手机中不能下载，只能通过计算机浏览器下载。

（2）扫描下面的“读者交流圈”二维码，加入圈子也可获取本书资源的下载链接，本书的勘误等相关信息也会及时发布在读者交流圈中。

人人都是程序猿

读者交流圈

致 谢

本书的顺利出版是译者、编辑、排版、校对等人员共同努力的结果。在出版过程中，尽管我们力求完美，但因为水平及时间有限，也难免有疏漏或不足之处，请您多多包涵。如果您对本书有任何意见或建议，可以直接将信息发送到2096558364@qq.com。

希望本书能对您有所帮助，祝您学习愉快！

目录

第1章

编程的基础知识——

首先进行整体上的理解

编程的软硬件环境

计算机的组成要素

计算机是由显示器、主机、键盘和鼠标等多种设备组成的。这类物理设备都可称为**硬件**。硬件不仅包括实际运行所需的设备，还包括机箱等在内的物理对象。我们将计算机在运行时所必需的5种硬件设备称为**五大设备**，如图1-1所示。

现代化的计算机不仅包括个人计算机（Personal Computer，PC）和智能手机，还包括服务器、路由器等各种各样的设备。但是，只有硬件，计算机也是无法工作的。除了需要配备Windows、macOS、Android、iOS等**操作系统**（基础软件）之外，它还需要配备用于浏览网站的Web浏览器、音乐播放器、数码相机、计算器、备忘录、文档软件和电子表格软件等各式各样的**应用程序**。

对于这类非硬件的部分，通常可使用英语单词hard的反义词soft来表示，即**软件**，如图1-2所示。即使是相同的硬件，通过安装不同的软件，也可以实现完全不同的用法。

市场中还存在集音乐播放器和数码相机这类硬件和软件于一体的产品。硬件在制作完成后，即使发现问题也很难进行修正，但是软件缺陷却可以通过下载升级后的软件程序来修复。

软件与程序的区别

操作系统和应用程序等软件是由作为执行文件的**程序**、用户手册等资料和数据构成的。其中，程序又包含执行文件和软件库（参考6-2节）等组成部分。所谓编程，通常是指“编写程序代码”，而编写程序代码的人则被称为程序员。

图1-1 五大设备

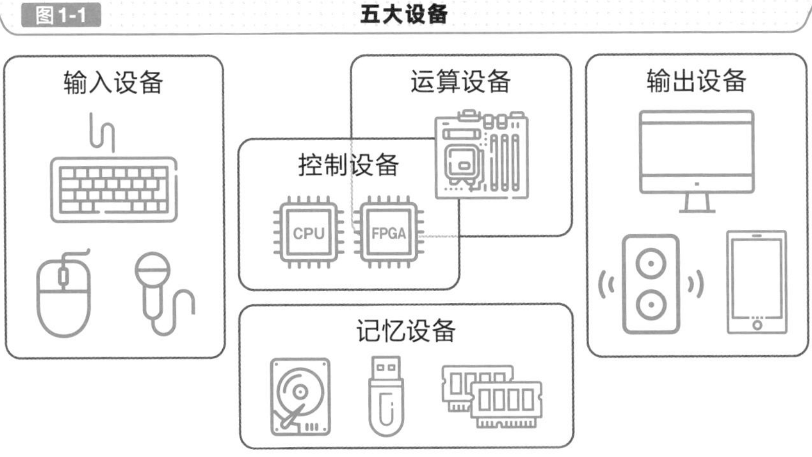

图1-2 硬件与各种软件的关系

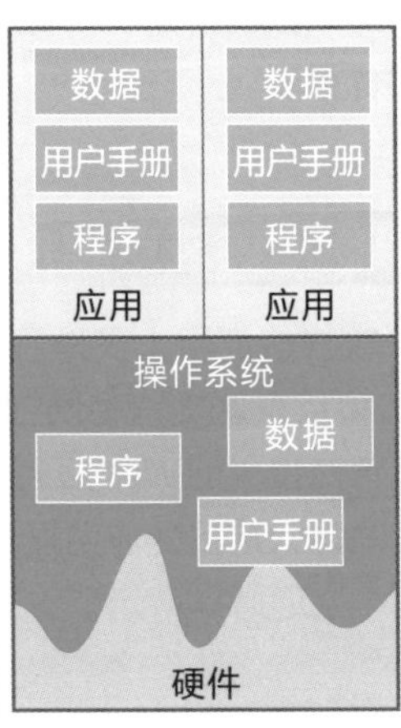

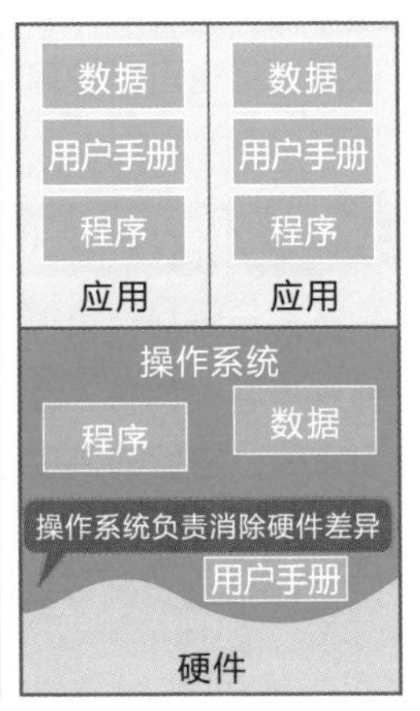

知识点

- 在理解计算机的运行原理时，对五大设备分开进行思考，可以更容易地理解它们各自的功能。
- 软件包括操作系统和应用程序。
- 程序属于软件的一部分，其中包含执行文件和软件库等组成部分。

程序的执行环境

有个人计算机就能使用的应用程序

大部分人在使用个人计算机时，都会用到Web浏览器、文档制作软件、电子表格软件等应用程序。这些应用程序被称为**桌面应用**，在个人计算机中运行，如图1-3所示。

桌面应用不仅可以将程序保存在个人计算机中，还可以将大量的数据保存在个人计算机中供用户使用。因此，当我们需要通过其他个人计算机使用相同的程序和数据时，就需要对程序和数据进行安装、复制。

桌面应用可以控制连接到个人计算机的硬件，就像音乐播放软件可以控制扬声器，文档制作软件可以控制打印机一样。此外，桌面应用还具有即使不连接网络也可以使用的优点。

只要上网在哪都能使用的应用程序

最近用户使用量增长较快的应用大多是互联网上提供的服务，如微信和微博这类社交媒体，淘宝和京东这类购物网站，以及百度和Google这类搜索引擎等，它们都是在运营商提供的Web服务器上运行的。

我们将这类以连接互联网为前提的应用程序称为**网页应用**。网页应用需要使用Web浏览器等软件，如图1-4所示。

能最大限度发挥智能手机性能的应用程序

不过，目前也有很多人不是使用个人计算机，而是使用智能手机收集信息。不是使用个人计算机，而是使用智能手机操作的应用程序称为**手机App**（Application，应用程序）。

例如，包括游戏在内的众多手机App都可以对智能手机的GPS、相机、网络、传感器等硬件功能加以灵活运用。

图1-3　桌面应用和手机应用的特点

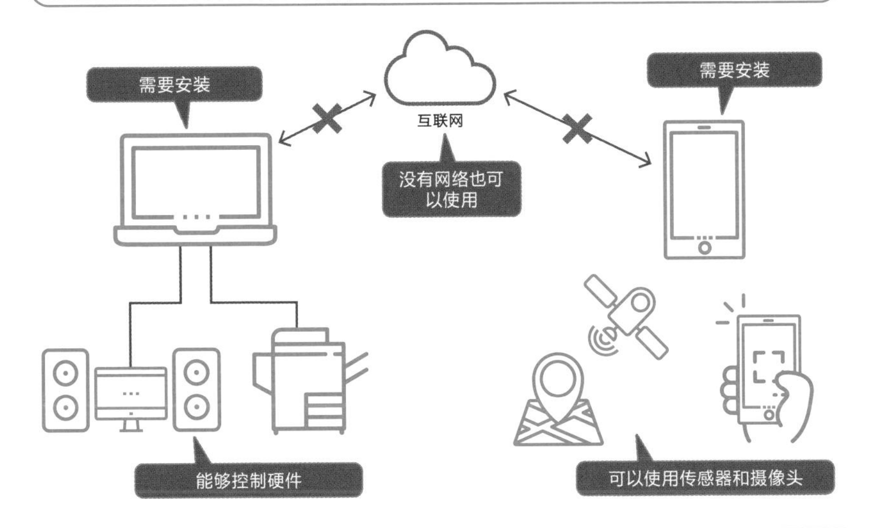

图1-4　网络应用的特点

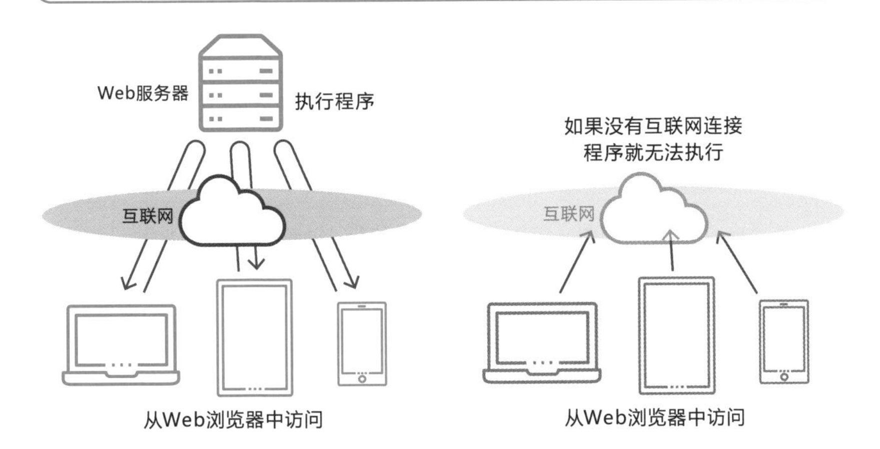

知识点

- 通过桌面应用可以灵活地运用个人计算机的硬件功能。
- 网页应用需要通过Web浏览器使用，虽然也可以在个人计算机和智能手机中使用，但前提是要连接到互联网。
- 手机App可以灵活运用智能手机中方便、易用的硬件功能。

程序是谁编写的

以编程为职业的人

一听到“程序员”这个词，估计大家首先就会想到以编程为职业的人。这些人称为**职业程序员**，通过开发程序获取收入。其中包括为自己公司开发软件的员工，也包括接受客户的委托开发软件的人。通常**是根据他们的工作时间支付报酬**的。当然，也有许多人是作为软件开发承包商来获取收入的，不过有时候**多级外包很容易出现问题**，多级外包的现状参见图1-5。

此外，还有一些开发如同网页应用那样的，将软件和软件包作为服务提供给大量用户使用的人。他们不受工作时间长短的影响，是根据使用费和销售数量获取报酬的。

以编程为爱好的人

实际上，不仅仅只有职业程序员会编写程序，有些学生也会编写程序并公开分享，还有一些从事其他工作的人也会将编程作为爱好来开发一些软件。

像这类在周末或者晚上享受编程乐趣的人，被称为**业余程序员**。还有一些人会编写和发布自由软件这类免费的程序，以及编写开源软件（OSS）等发布源代码的希望为社会做贡献的人。

将业务流程自动化的人

即使不是从事程序员的工作，普通的上班族也可能会编写一些小程序。例如，在Excel等电子表格软件中，**那些需要多次重复的操作，如果是手动处理就会比较麻烦，通过自动化则可以在一瞬间完成处理**。

最近比较引人注目的是**RPA**（Robotic Process Automation，机器人流程自动化），RPA与传统自动化的区别参见表1-1。它可以通过专用的工具记录用户在个人计算机上的操作，轻松地实现自动化处理。

图1-5 系统开发中多级外包的现状

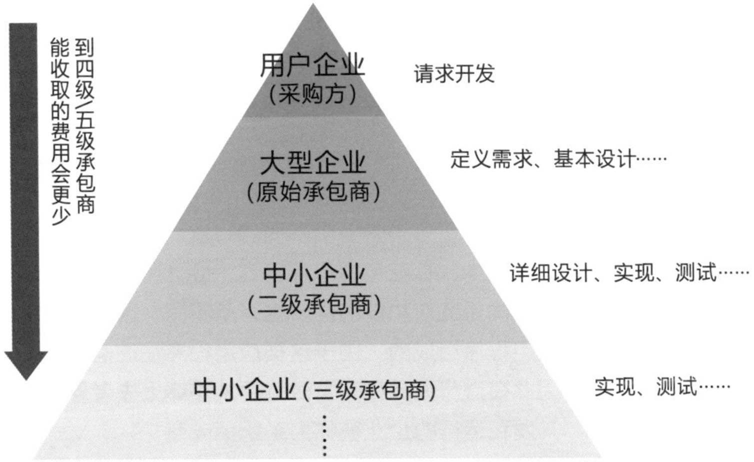

表1-1 RPA与传统自动化的区别

	RPA	Excel（VBA）	Shell脚本	编程	桌面自动化
覆盖范围	几乎可覆盖所有	仅用于Excel中（宏录制的场合）	仅用于命令行	可覆盖所有	仅用于PC中
难易程度	中级	容易	中级	困难	容易
费用	中档	便宜	便宜	高昂	便宜
速度	中速	低速	中速	高速	中速

知识点

- 程序员不仅包括将编程作为工作的职业程序员，还包括业余程序员。
- 在职业程序员中，由于多级承包的制约，除了大型企业之外，有时存在其他个人收入较少的问题。
- 即使不会编程，用户也可以通过专用的工具实现自动化处理。

编程相关行业的区别

为客户开发系统的行业

从事系统开发的提供商，可分类为多个不同的行业（见图1-6）。

在企业内部使用的系统中，存在包括库存管理、会计、考勤等各种功能在内的应用程序。由于不同企业对功能的需求也有所不同，因此有很多功能通常是由公司专用的应用程序组成的。由于这类应用程序往往需要能够与其他应用协作和联动，因此**在进行设计和开发时需要从整体上去考量**。承接这类项目并负责设计、开发和运行的企业被称为**系统集成商**。

确保系统稳定运行是非常重要的，因此通常的做法是采用被大量企业所使用的、经过市场考验的技术和实现机制。

开发自己公司提供的服务的行业

像Facebook和Twitter等社交媒体，Amazon（亚马逊）和LOTTE（乐天）等购物网站，以及在网上提供各类服务的企业，通常都是使用自己公司开发的软件。

我们将提供这类开发网站相关服务的企业归类为**互联网公司**，其特点是**该类公司对研究新技术的投入很积极**。从表1-2可知信息处理服务行业的IT人力资源成本投入较高。

开发专业软件的行业

软件不仅可以用于个人计算机和智能手机，人们日常生活中使用的电视、空调、冰箱、电饭煲中也大量地使用了软件，这些都可归类为**嵌入式系统**。此外，游戏机一类的软件开发也要求**能够充分地发挥硬件的最高性能**。

有一些企业将专业性较强的软件作为产品，提供给多人使用。例如，制作新年贺卡的软件和编写电子文档、电子表格的软件等。开发这类软件的供应商被称为**软件开发商**。

图 1-6　行业的比较

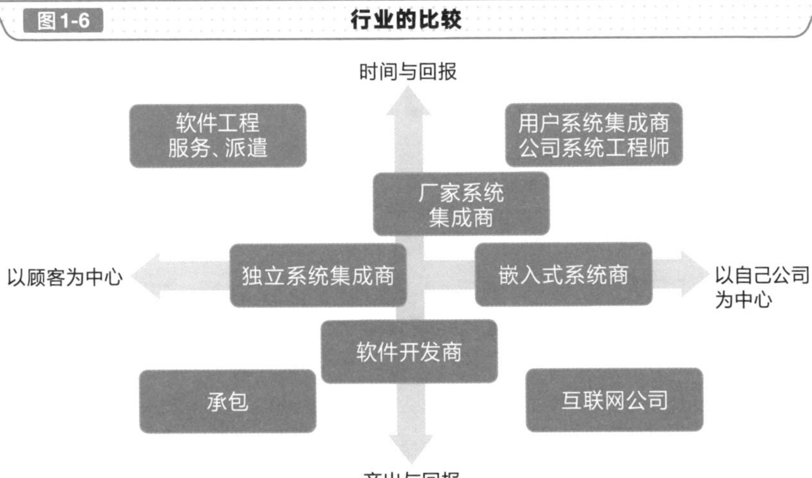

表 1-2　IT企业的IT人力资源数量估算结果

基于民间企业数据库注册数据			本次调查结果
行业子类名称	企业数量	从业人数	IT 人力资源估算
外包软件开发行业	17043	859500	655780
软件开发行业	745	77392	50290
嵌入式软件行业	1845	56348	34918
信息处理服务行业	2478	211979	125476
电子计算机制造行业	412	26719	7341
信息存储介质制造业	611	15168	4164
机电设备批发行业	7823	218319	60031
合　计	30957	1465425	938000

注：数据引自日本信息处理推进组织发布的《IT 人才白皮书2019》。

知识点

- 针对企业所使用的整套系统，为该企业有针对性地进行设计和开发符合该企业需求的系统的公司被称为系统集成商，具体可分为专用系统、提供商系统和用户系统等不同类别。
- 在网络上提供服务的企业被称为互联网公司，其中投入到新技术研发的企业较多。

》编程相关职业的区别

负责定义客户需求和设计的人

程序并不仅仅只包括由一个人编写的那种简单的程序。如果是大规模的软件，就需要多人协作，组成团队共同开发。软件的开发流程及负责人如图1-7所示。

这种情况下，并不是所有成员都会参与程序的编写。其中负责定义客户需求和设计的，以上游工程为中心的负责人被称为**系统工程师**（SE）。他需要了解客户的业务内容，还**需要具备与整个系统相关的丰富的知识和开发经验**。此外，具备与客户进行**沟通的能力**也是非常重要的。

实际编写程序代码的人

根据设计文件实际开发程序的人被称为**程序员**。程序员需要精通编程语言和算法等知识，并且需要具备**编写高质量程序代码的能力**。

监督整个软件开发过程的人

软件的开发通常是以项目为单位推进的，而管理这个项目的人就是**项目经理**（PM）。项目经理主要负责项目预算、人员分配、日程安排等工作，并协调、**监督项目开发的推进**。根据组织的不同，项目经理有时也会兼任**产品经理**的角色。

负责检查写好的程序是否没问题的人

开发完成的软件不可避免地会存在各种问题。因此，在将其作为正式产品推出之前，需要进行测试，负责这一工作的人被称为**测试员**。实际上，程序员也有可能同时兼任这一职务。

工程师的职业生涯如图1-8所示。

图1-7 软件的开发流程及负责人

需求定义 → 设计 → 实现 → 测试 → 应用

软件工程师

操作员

程序员

测试员

项目经理

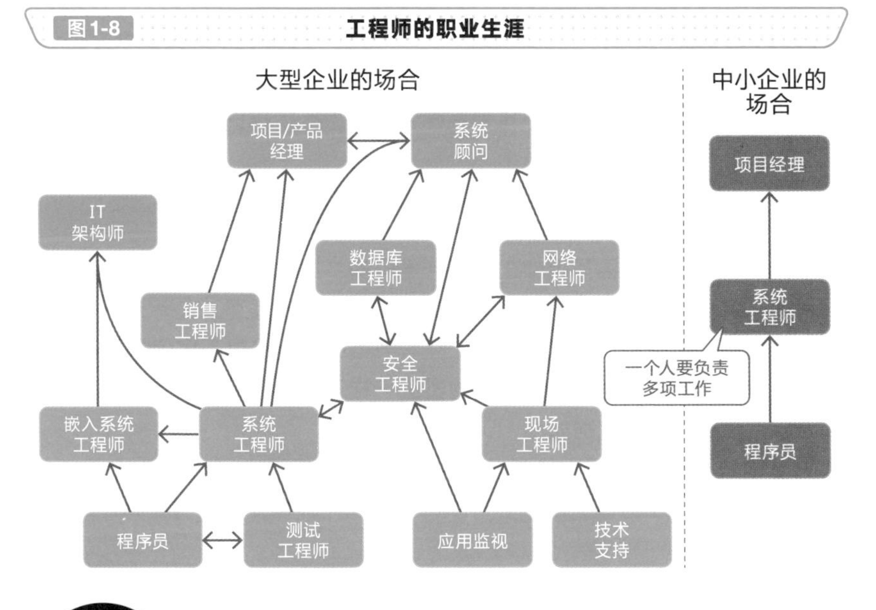

知识点

- 在软件开发中，除了程序员之外，系统工程师、项目经理、测试员等人员也会参与其中。
- 如果是在大型企业中，程序员在大多数情况下都可以晋升为系统工程师或项目经理，而在小企业中，则可能是由程序员兼任这些职务。

》程序员的雇佣形式

在客户处常驻开发的雇佣形式

在为系统集成商工作的人员当中，也包括不属于该企业的人员。他们属于合作公司派遣的人员，有时被称为“合作伙伴”。通常是常驻在客户公司里，负责提供各类技术支持。

在这种情况下，存在多种不同的雇佣形式。其中常见的是SES（Software Engineering Services，**软件工程服务**），也称为**准委托开发**。只需签订一份工作时间固定的合同，且不要求必须完成工作，但需要以通过提交工作报告的方式获取报酬。即使开发后的软件存在问题，也无须承担缺陷保修责任。需要注意的是，**只有承包商才能够下达指挥命令**。

像客户公司的员工一样工作的雇佣形式

此外，还存在一种与软件工程服务类似的，只需签订一份工作时间固定的合同，且不要求必须完成工作的雇佣形式，那就是**派遣**。在无须承担缺陷保修责任这一点上，派遣也与软件工程服务相同，**但是由于雇佣方可以下达指挥命令，因此是一种像客户公司的员工一样工作的雇佣形式**。这种雇佣形式与软件工程服务的区别如图1-9所示。

派遣公司需要获得派遣行业许可证才允许经营。另外，政府部门于2020年4月修改了劳动派遣法。可以说这也是一种备受关注的雇佣方式。

虽需承担责任但限制较少的雇佣形式

承诺完成工作，并且**根据实际结果支付报酬**的雇佣形式被称为**承包**。这是一种需要承担缺陷保修责任，并且不受工作推进方式和工作时间的限制，按固定金额签订合同的雇佣形式。由于不需要在客户的公司上班，因此甚至是在家里开发，开发完成后将工作成果提交给客户的情况也不少见。

这种雇佣形式的特点是，如果可以在比估算更短的时间内完成开发，就可以获得更高的单价，但是如果花费的时间高于预期，则利润可能会减少。

以上几种雇佣方式发生纠纷的示例参见表1-3。

图 1-9 软件工程服务与派遣雇佣形式的区别

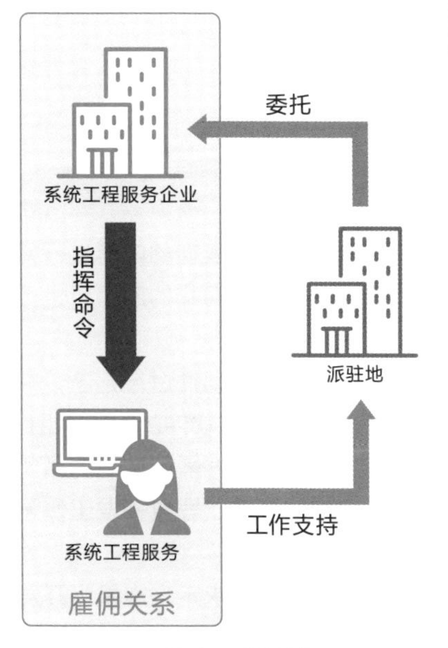

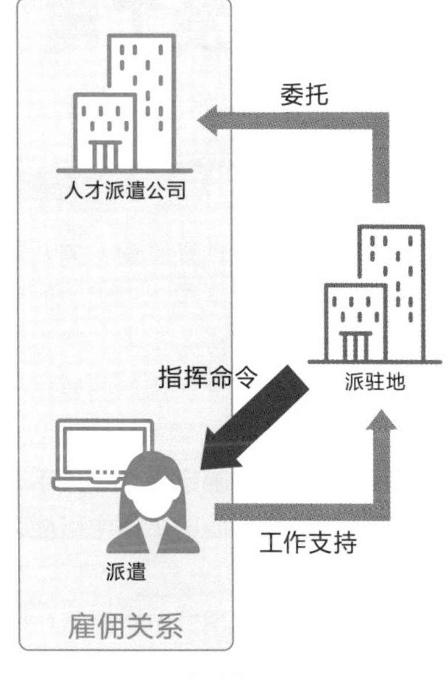

表 1-3 软件工程服务、派遣、承包中发生纠纷的示例

示　例	内　容
变相承包	虽然劳动者签订的是“业务承包合同”，但他们实际上是派遣劳工。如果是直接接受采购方（派驻地）的指示或命令，则极有可能是变相承包
二级派遣	将派遣公司委派人员再次派遣到其他公司工作。劳动者的工资会因中间人赚取差价而减少。因此，二级派遣的公司和接受二级派遣劳动者的公司都会受到行政处罚

知识点

✐软件工程服务与派遣的雇佣形式相似，仅仅只是可下达指挥命令的公司不同。

✐软件工程服务和派遣的雇佣形式不需要承担缺陷保修责任，但是承包的雇佣形式则需要承担这一责任。

软件开发工程

需求分析与需求定义

在正式开始软件开发前，需要**对客户期望通过该软件实现的内容进行整理**。我们将客户在系统化过程中的需求，以及对客户当前面临的问题所进行的整理称为**需求分析**。

通过需求分析理解客户的要求，就可以对项目的可实现性进行判断，并在衡量费用等方面问题的基础上，与客户一同调整和决定软件的实现范围。这一过程被称为**需求定义**。**如果不事先通过需求定义确定好需要实现的品质和范围，客户在后面的工作中可能会不断地提出新的要求，导致开发工作无法及时完成。**

也就是说，需求分析是对客户的要求进行整理，而需求定义则是将开发需要实现的功能制定成文档的步骤，如图1-10所示。

将设计分为两个阶段

当需求定义的步骤完成后，接下来就需要思考基于定义的内容可以实现什么样的软件。这个步骤被称为**设计**。设计大致可分为基本设计（外部设计）（见图1-11）和详细设计（内部设计）两个阶段。基本设计是站在使用者的角度决定画面布局、处理的数据，以及与其他系统之间的互动等内容；详细设计则是站在开发者的角度，思考内部执行的操作、数据结构、模块的划分方法等问题。

通常的做法是在**基本设计中思考What，详细设计中思考How**。

开发和测试

完成设计后，就需要实际地使用编程语言编写源代码，配置执行环境。这一步骤被称为**开发（实现）**，这里需要实施代码的编写和服务器的安装等操作。完成代码实现后，就需要对开发好的软件进行动作确认，也就是**测试**。关于这部分的详细内容，将会在第5章中讲解。

图1-10 需求分析与需求定义

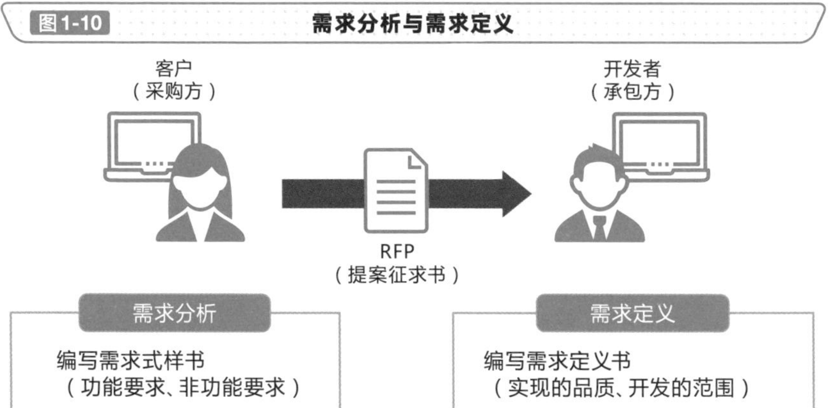

图1-11 基本设计（外部设计）的示例

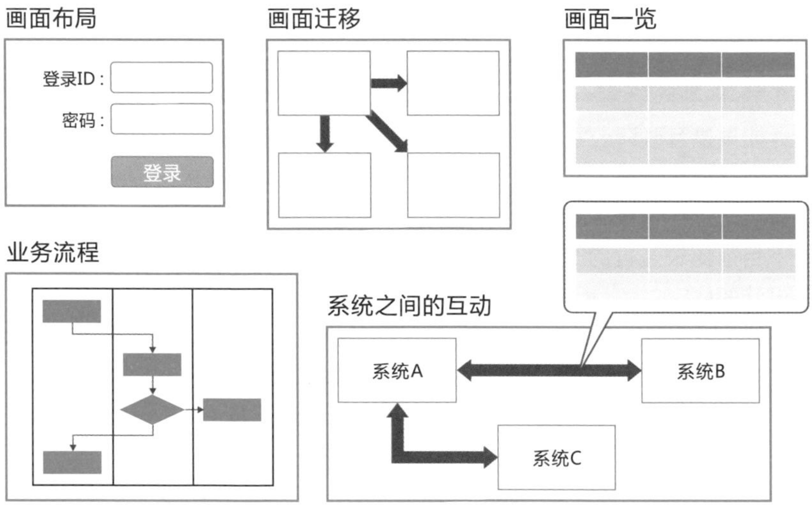

画面布局

登录ID：

密码：

登录

画面迁移

画面一览

业务流程

系统之间的互动

系统A

系统B

系统C

知识点

✐ 整理客户需求的步骤被称为需求分析，开发方将需要实现的项目写进文档的步骤则被称为需求定义。

✐ 基本设计是从使用者的角度去考虑，而详细设计则是从开发者的角度进行思考。

软件开发的流程

大规模项目采用较多的瀑布式开发

软件的开发包括需求定义、设计、实现、测试、应用等一系列的流程。根据流程推动开发前进的做法被称为**瀑布式开发**。这一称谓来源于整个开发模式就像瀑布一样向下流动，适用于金融机构等大规模项目的开发。

如果到了实现和测试的阶段才发现设计阶段存在错误和遗漏，那么修改程序就极为麻烦了，因此为了避免返工，我们需要在上述流程中进行深度的确认，并在制定好相关文档后再去推进开发的进程。

可以灵活应对设计变化的敏捷式开发

如果是互联网公司的系统开发，由于市场是千变万化的，因此要明确地将式样确定下来是相当困难的事情，而且对功能的需求也会很频繁地发生变化。这种情况下，如果使用瀑布式开发就会难以应对。此时不妨考虑一下目前比较流行的一种开发方式，即敏捷式开发。它可以实现灵活地应对设计变化。

将从需求定义到发布的循环以较小的单位进行重复，这样不仅可以随机应变地对式样进行修改，当发生问题时也可以快速地应对，如图1-12所示。这种情况下使用的是如图1-13所示的方法来驱动开发工作前进的。敏捷式软件开发宣言参见图1-14。

但是，与瀑布式开发相比，敏捷式开发在费用和日程上可能会与当初的估算存在较大的差别。此外，反复地修改设计也会降低开发者的积极性，从而导致项目完成时间的推迟。

还有一种与敏捷式开发类似的，被称为**螺旋式开发**的开发方式。螺旋式开发通过反复设计和制作样品（试制）来推进开发。由于是试制品，因此采购方也可以用来确认使用感受。但是，如果采购方的需求太多，就可能导致需要一直制作试制品，进而出现无法在约定的期限内完成工作的局面。

图1-12 **敏捷式开发**

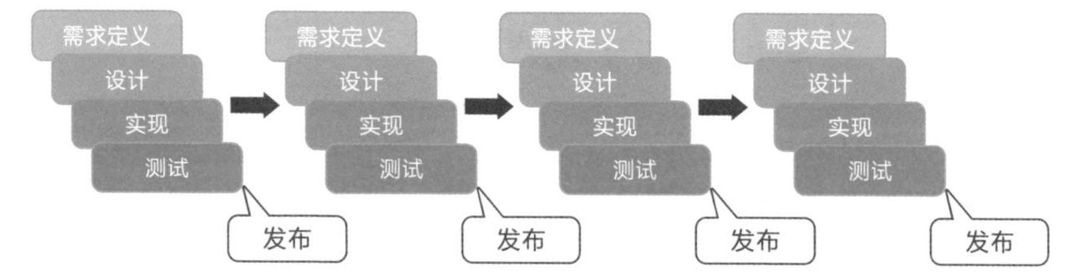

图1-13 **敏捷式开发中使用的方法示例**

Scrum
- 估算扑克（规划扑克）
- 迭代计划
- 每日站会
- 迭代评审

⋮

极限编程
- 测试驱动开发
- 重构
- CI/CD

特性驱动开发
- 里程碑
- 功能集合进度报告

⋮

精益
- 约束理论

⋮

RUP
- 用例驱动
- UML

⋮

图1-14 **敏捷式软件开发宣言**

相较于流程和工具，个人和对话更重要。
相较于详尽而全面的文档，能够运行的软件更重要。
相较于合同交涉，与客户保持协调更重要。
相较于按部就班地执行计划，应对需求变化更重要。

知识点

✎在大规模的项目开发中，为了避免返工，通常会使用瀑布式开发模型。
✎敏捷式开发不仅可以缩短开发的循环周期，其实施方法和思维方式也与瀑布式开发模型不同。

开发工程中的工作

输入源代码

根据设计文档输入源代码进行软件开发的工程被称为写代码。虽然在创建网站时，编写HTML和CSS代码有时也会被称为写代码，但是这里指的是编程的一个工程。

在写代码时，是无法一次性地将所有的源代码集中输入的。首先，需要编写一个较小的程序，执行这个小程序的代码，并确认是否正确地实现了代码；然后再反复地增加少量的功能，并对执行结果进行确认，如图1-15所示。

此外，如何推进开发是因人而异的。有些人会在纸张上画好流程图和UML后再编写源代码，而有些人则会直接通过键盘输入源代码，还有一些人会复制现成的源代码，将需要的部分粘贴过来后再编辑源代码。即使是同一个人，也可能由于想要实现的内容不同，而采用不同的方式写代码。

构建执行和应用环境

在软件的开发工程中，开发（实现）的步骤除了写代码之外，环境的构建也是不可或缺的。如果是网络应用，要执行程序就需要使用Web服务器。如果是手机App，则不仅需要配置开发环境，还需要配置实际执行的设备（物理设备）。如果没有开发环境，则需要构建开发环境。

配置和构建开发环境，根据规模的不同，参与的人员和其负责的工作也会有所不同。一个人仅仅只是因为兴趣爱好而编写的小软件，与大企业构建的大型系统软件，需要思考的事情和完成的工作量是有天差地别的。如果由一个人来编写软件，所有的部分都可以由自己一个人完成，但是大型企业编写软件，则需要多人来分担各项工作。本书将对图1-16中程序员的工作进行介绍。

图1-15 写代码的步骤

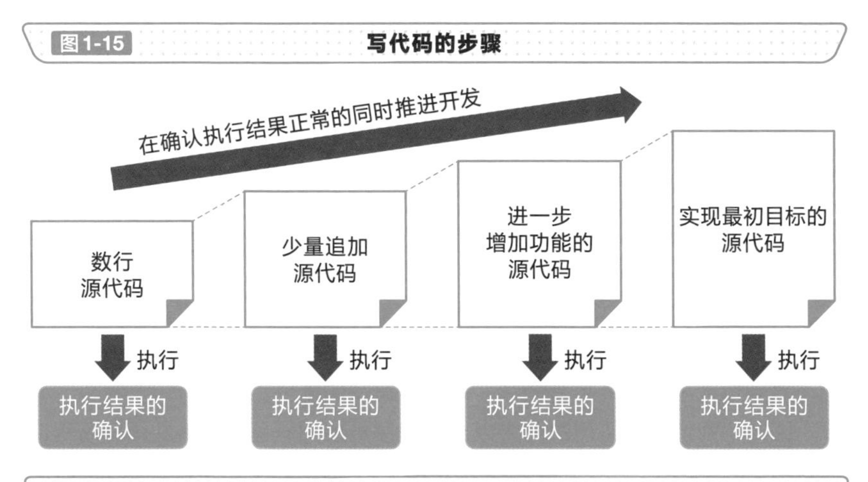

图1-16 开发工程相关的工程师

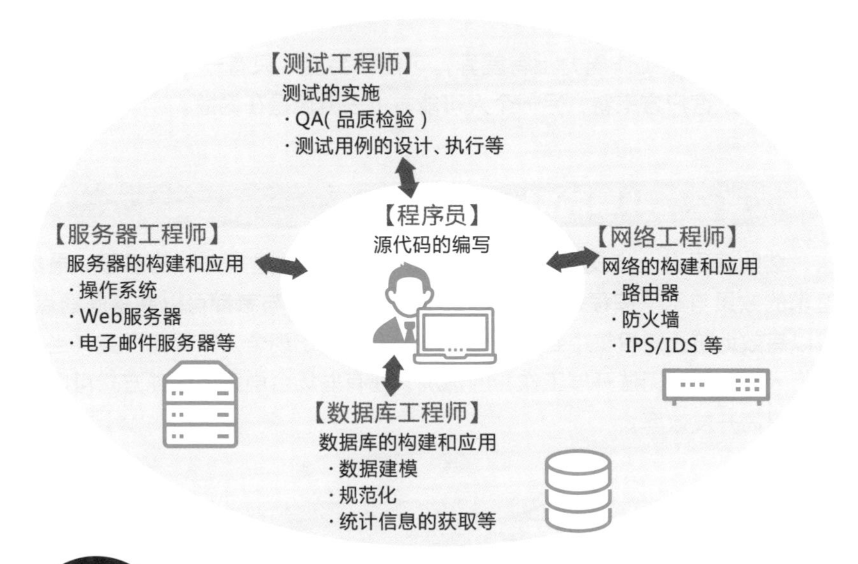

知识点

- 编写程序代码时，不是一次性地实现所有代码，而是在一步步确认执行结果正常的同时推进开发。
- 在实现的工程中，除了程序员之外，还有各种职务的人员参与并分担相关的工作。

团队开发中使用的方法

多人共同编程的结对编程

一个人开发程序，可能因为个人能力不足而花费比预期更多的时间，或者变成**以自己为中心的代码实现**；也可能会发生自以为是、误解、错误的情况，直到审查阶段才发觉有问题；这都是常有的事情。

因此，我们可以采用由两人以上的程序员使用一台计算机共同编写程序的方法，也就是所谓的**结队编程**，如图1-17所示。由于是同时进行操作，可以听取他人的意见，因此具有可以**提高源代码的质量，还能起到培训新人的效果**的特点。

但是，如果工作能力上有差异，可能就会变成只有一个人经常提出意见，那么从客户方来看，另一个人可能看上去就像是在偷懒。

参加者全体共享的Mob编程

结队编程进一步发展的形式是**Mob编程**。Mob是指人群的意思。虽然追求的效果与结队编程是一样的，但是由于所有参与者都可以共享问题点，可以有效地防止知识集中到某一个人身上，避免出现个人依赖化严重（当该负责人不在时就无法开展工作）的情况。在有些场合中采用这种方式可以显著地提高开发效率。

最近流行的评估方法

最近较为引人注目的是**一对一编程**，一对一编程的方法可参见表1-4。与评估面谈不同，其特点是可以通过较短周期定期地实施，目的是在了解下属的工作状态、烦恼和困扰的同时，激发下属的潜力。

由于可以快速地形成反馈，采用这种开发方式对于提高开发人员的工作积极性也是很值得期待的。

图 1-17　**结队编程**

表 1-4　**一对一编程的方法**

项　　目	评估面谈	一对一编程
目的	完成度的确认和评估	改善点的确认、积极性的提高
内容	目标内容和评估结果的反馈	教学、辅导等
频度	每半年、每季度一次	每周、每月等
所需时间	比较长	比较短
方式	上司给予指示、指点	自由地对话，促进下属成长

上司、人力资源部主导　　部下、成员主导

知识点

- 通过结队编程和Mob编程，有望达到比单人开发更高的代码质量、提高新人培训效果的目的。
- 通过一对一编程，有望获得比传统面谈更有效地提升下属的技能和工作积极性，以及促进下属成长的效果。

» 发布开发好的程序

可以免费使用的软件

在互联网上发布的，可以免费使用的软件称为**自由软件**或**免费软件**。这类软件不仅可以下载使用，还可以作为杂志的附赠CD和DVD发布。

由于是免费提供的，因此只要操作系统等环境是相同的，任何人都可以拿来使用。不过需要注意的是，其**著作权是属于开发者**的，未经许可不能对软件进行修改和销售。此外，也不允许擅自挪用他人的源代码发布自由软件。发布自由软件时的注意事项如图1-18所示。

这里需要注意的要点是，自由软件是**不保证执行结果**的。因为这些自由软件可能是学生出于兴趣爱好而开发的，也可能是开发者为了方便大家使用，而选择将开发好的软件代码善意地公开，因此即使其中存在问题，作者也不一定会做修改。

允许短期免费试用的软件

除了上述的自由软件，还有一些开始是免费的，但是经过一定的试用期之后，需要用户支付费用来继续使用的软件，称之为**共享软件**。这类软件通常会在试用期间有一些功能上的限制，或者会显示广告，支付一定费用后才会去掉功能限制和广告。

针对开发和发布软件的人员或学生，在某些情况下，共享软件会对满足特定条件的人给予优惠待遇。

智能手机App的标准发布方法

如果是智能手机App，通常情况下是通过**软件商店**发布手机应用的，如图1-23所示。如果是iOS系统，可以通过AppStore发布；如果是Android系统，则通过Play商店发布。通过这种方式可以吸引更多的人下载使用。由于其中还配备了计费等机制，因此需要付费的应用也可以很轻松地在软件商店中发布。

图1-18 **发布自己开发的自由软件时的注意要点**

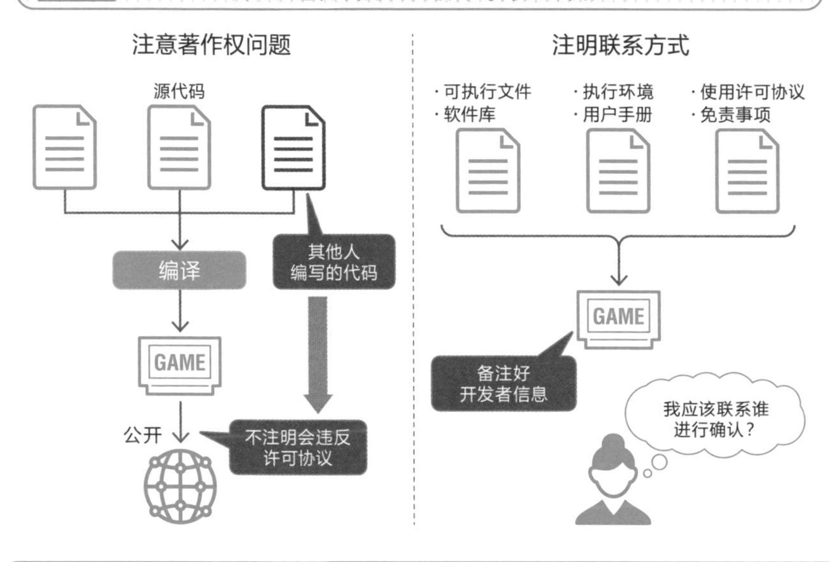

图1-19 **手机应用可通过软件商店发布**

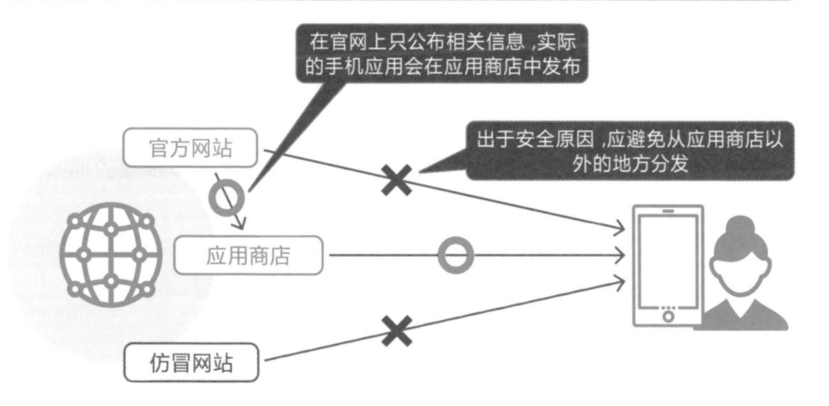

知识点

✐ 即使是自由软件，其著作权也是属于开发者的，因此开发者在发布自由软件时，需要确认是否使用了其他人编写的源代码。

✐ 发布智能手机App时，需要借助于各种操作系统的软件商店。

编程该怎么学

书籍的重要性到任何时代都不会变

不仅是编程相关的知识，相信很多人也是通过书籍来学习新知识的。虽然通过互联网也可以获取很多免费的知识，但是经过**系统整理**后的书籍也是非常有价值的。而且，由于书籍进行了编辑和校对，因此与博客等媒体相比它更能保证内容的准确性。

此外，很多与IT相关的书籍是以电子书的形式呈现的（IT书籍的类别参见图1-20），因此若有想要看的电子书，我们可以立即对其进行下载并阅读。而且大量购买电子书也不会占用过多的空间，因此我们只需要携带智能手机、平板电脑等终端就可以随时随地阅读数十本、甚至数百本的电子书籍。

越来越丰富的视频内容

随着网速的提高，我们现在还可以轻松地通过**视频**进行学习。作为学习编程时的学习工具，比起书本上的文字信息，**容易理解操作步骤**的视频反而更加方便。

一边观看视频一边动手写代码，可以实时确认实际的执行结果。此外，还可以根据自己的水平，通过暂停和调整播放速度来学习。

IT工程师熟悉的学习小组

对于那些完全不具备相关知识的零基础的人来说，自学编程是非常辛苦的。为了方便初学者学习，很多可以轻松、愉快地请教专家的编程**学校**应运而生。

大多数IT工程师会参加一些**学习小组**（见图1-21）和会议，业界也经常会举办一些有偿或免费的活动，通过这些活动与其他企业的工程师进行交流，**不仅能够提升工程师自身的技能，还能够提高他开发的积极性**。

图1-20 **IT书籍的类别**

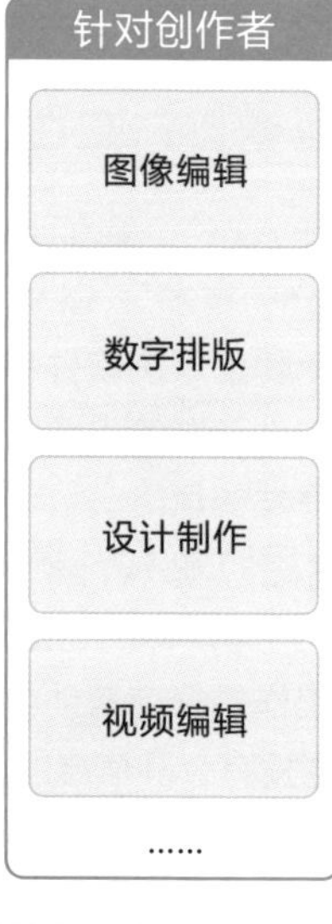

图1-21 **学习小组的形式**

研讨会形式

某个人进行长篇演讲，其他人则安静地听讲

静默会

围在桌子边，各自学习自己感兴趣的知识

闪电演讲(Lightning Talk)形式

发言的人每隔5分钟就换一个人，因此听众可以听到多种不同的内容

知识点

- 学习编程时，我们不仅可以通过纸质书籍进行学习，也可以通过观看视频等其他途径进行学习。
- 在IT领域，编程学校和学习小组这类可以与其他人一同学习的环境正在不断增加。

开始实践吧

花费一定的时间调查自己正在使用的软件

即便是平时使用的软件，我们也不会经常去想“这是哪个公司开发的”“其中使用了什么样的技术”，以及“它的商业模式是什么样的”等问题。

实际上，即使是免费使用的软件和网站上的服务，也是需要耗费开发成本的。通过了解参与软件开发的人数、以什么样的日程发布软件，就可以想象得到开发的规模和开发的风格。

如果从这一角度进行确认，就可以整理出“该公司的竞争对手是谁”“要从事相关工作，什么样的行业适合自己”等信息。这些信息对于找工作或专职程序员换工作是很有帮助的。

当然其中还有一些没有公开信息的企业，不过大家可以进行详细的调查。

下面就按照表1-5和表1-6开始调查吧。

表1-5 关于软件的调查

序号	软件名称	开发商	具有类似功能的软件
1	Word	Microsoft	Google文档、Pages
2			
3			
4			
5			
6			

表1-6 关于软件开发企业的调查

序号	企业名称	员工人数	销售额	商业模式
1	株式会社NTT数据	11310人①	22668亿日元②	公共、金融、面向法人的系统开发等
2				
3				
4				
5				
6				

注：

① 数据来自2019年3月31日的统计。

② 数据来自2020年3月的统计。

第2章

编程语言都有什么不同——

各种编程语言的特点、代码的比较

》转换成计算机能处理的格式

编程中使用的文件

人类可以通过阅读用中文或英语等自然语言书写的文章来理解其中的意思。如果再使用图形和表格，则可以将其变成一份更加容易理解且直观的设计文档。但是，如果直接将文章和设计文档交给计算机，它是没有办法处理的。因此，我们需要将待处理的内容转换成计算机可以理解的语言——机器语言，如图2-1所示。

对于人类而言使用机器语言是非常困难的，而计算机又无法直接处理人类的语言，因此我们不能使用人类日常使用的自然语言，而要使用可以简单转换为机器语言的编程语言。因为软件的开发，是根据编程语言的语法编写**源代码**的。

而且，我们还需要将使用编程语言编写的源代码转换为计算机可以处理的机器语言的程序。这种程序的文件格式被称为**可执行文件**。

像这样**通过编写源代码创建程序的过程**就是编程。有时候编程也包括创建设计文档、对程序的执行结果进行确认的测试，以及消除缺陷（Bug）的调试。

转换为程序的方法

将源代码转换为程序时，可以使用**编译器**和**解释器**这两种不同的方法，如图2-2所示。编译器是一种**预先一次性地将源代码转换为程序，在执行代码时处理程序的方法**。就像翻译文章一样，事先进行转换，之后就可以实现高速的处理。

解释器则是一种**一边执行一边转换源代码的方法**。就像口译一样，一边听一边将翻译后的意思转达出去。虽然处理起来需要花费更多的时间，但是如果发现有问题，可以立即进行小幅度的修改再重新执行，而且这些操作是非常容易实施的。

图2-1 人类与计算机所擅长的语言

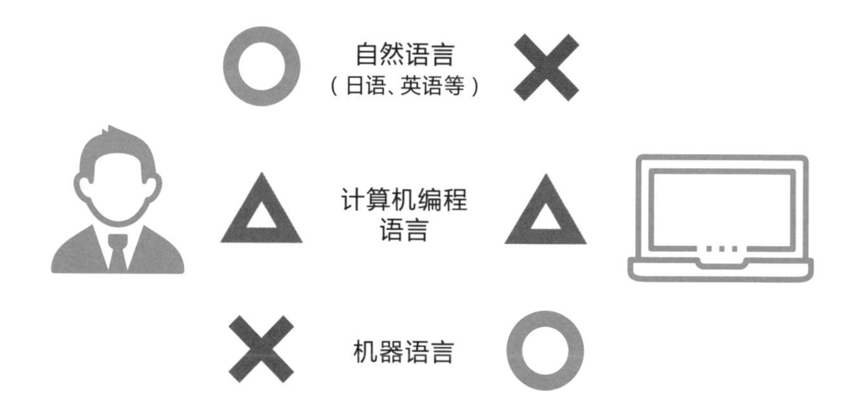

图2-2 编译器与解释器

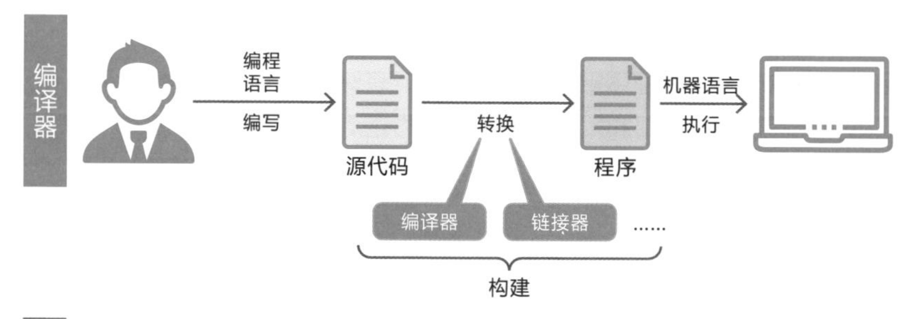

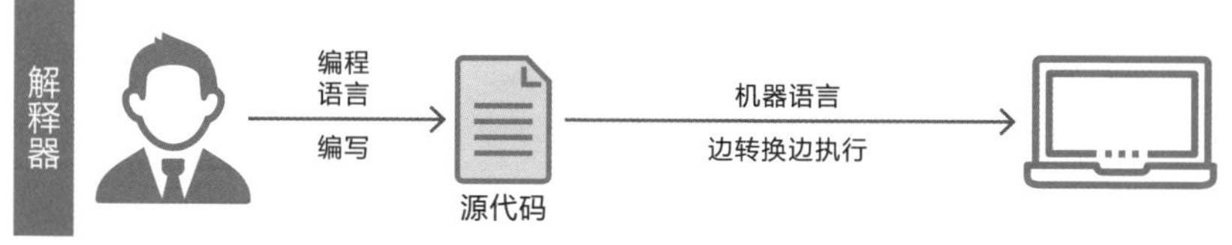

知识点

- 计算机无法理解人类擅长的自然语言，而人类也难以理解计算机可处理的机器语言，因此为了沟通，就需要使用人类和计算机都能够理解的编程语言。
- 要让计算机执行通过编程语言编写的源代码，可以使用编译器和解释器这两种方法。

人和计算机都容易理解的格式

计算机能直接处理的低级编程语言

语言可以按照“是接近计算机还是接近人类”这一基准进行分类，如图2-3所示。计算机可以直接进行处理的语言只有机器语言。由于计算机是通过二进制进行处理的，因此机器语言是由0和1所组成的序列。不过为了便于人类理解，有时我们也会用十六进制来表示。

但是，即便是十六进制，对于人类而言也是难以理解的，于是人们便开始使用汇编语言。由于汇编语言与**机器语言是一一对应的，表达方式类似于英语**，因此比较方便人类阅读和理解。

我们将使用汇编语言编写的源代码转换为机器语言的过程称为汇编，而用于实现这一转换的程序则被称为汇编器。有时我们也会将汇编语言称为汇编器。我们将机器语言和汇编语言这类更为接近计算机的语言称为**低级编程语言**（低级语言）。

方便人阅读的高级编程语言

虽然人类也不是不能理解汇编语言，但是当需要编写大规模的程序时，需要编写的代码量会很大，实现起来比较麻烦。此外，机器语言的编写方式也会根据硬件的不同而有所差异，如果想要在其他制造商的计算机上运行，就需要从源代码一级开始重新编写程序。

于是，人们便开始思考设计一门语法更便于人类阅读和理解的编程语言，以及将这种语言的源代码转换为机器语言的机制。像这类更接近人类的语言被称为**高级编程语言**（高级语言）。使用这类语言，可以很轻松地将**编写好的源代码转换（移植）为适用于其他硬件的代码**，如图2-4所示。

此外，近些年还出现了可以在其他硬件和操作系统中直接执行程序的、支持**跨平台**的编程语言。

图2-3 高级编程语言与低级编程语言

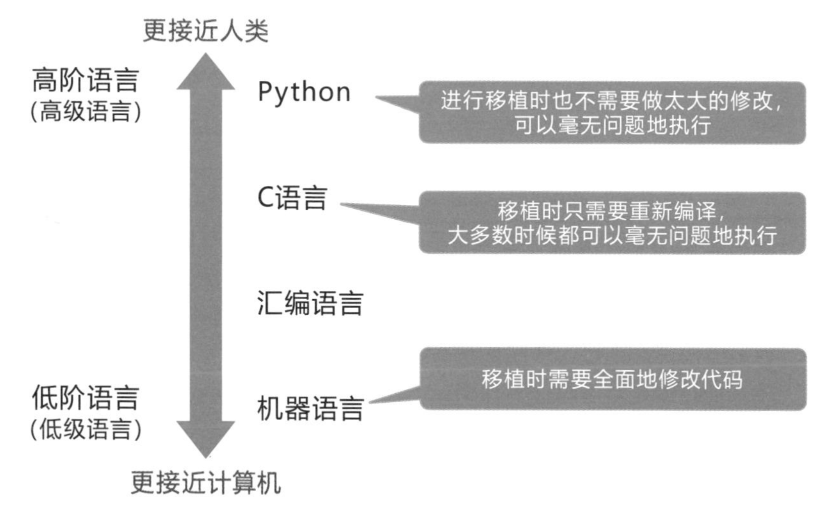

图2-4 移植的示例

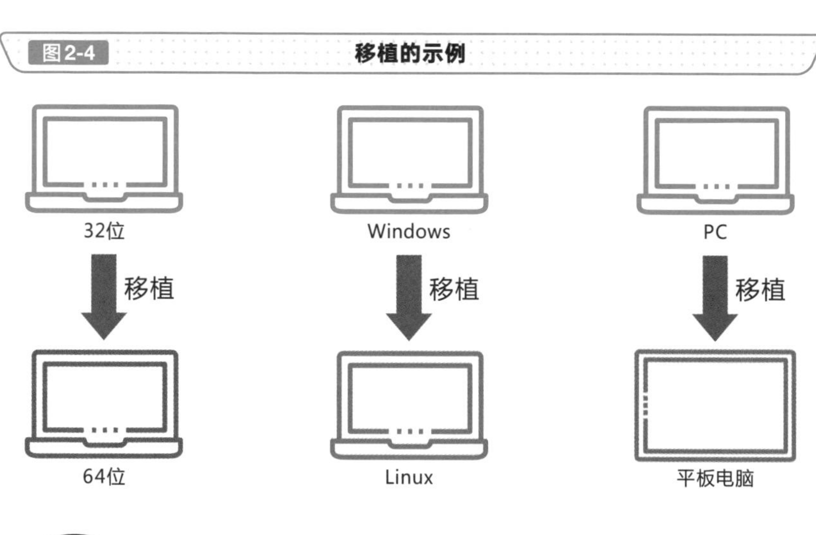

知识点

- 虽然这里使用了"低级编程语言（低级语言）"和"高级编程语言（高级语言）"等术语，但这并不代表语言水平的高低。
- 移植到其他硬件时，如果使用高级编程语言，转换起来会更为简便。

编程语言的分类

考虑处理步骤的面向过程型

无论是使用哪种编程语言编写程序，最终都需要将其转换为机器语言。不过随着“想要编写大规模且易于维护的程序”“想要轻松地尝试编程”“想要更快的处理速度”等需求的出现，各种各样的新型编程语言不断涌现。因此，目前全世界的编程语言的种类非常多。

这些编程语言可以根据设计该语言的“思想”进行大致的分类，这就是所谓的编程范式。从很早以前就一直沿用至今的面向过程型这一分类，可以认为就是对如何执行处理的“步骤”进行考虑的方法。

面向过程型的编程语言，是对需要执行的一系列处理的实现步骤进行定义，并在调用这一步骤的过程中推进处理，如图2-5所示。不同的编程语言可能会将这一步骤称为函数、子程序、程序等。

将数据与其操作集中的面向对象型

面向过程型可以通过调用已经定义好的步骤，对已经编写好的代码加以重复利用，但是如果想要从源代码的任何位置都可以调用这些步骤，那么在编写大规模的程序时就可能会出现问题。

此外，当发生“弄错了调用顺序”“遗漏了必要的步骤”“随意地改写了数据”等问题时，要调查清楚问题产生的影响也是一件极为困难的事情。

因此，就出现了面向对象型这一思维方式。**将“数据”和“操作”集中在一起的集合被称为对象，只有事先指定的特定操作才能访问其内部的数据**，如图2-6所示。

这样一来，就可以将那些没必要让其他处理看见的数据和操作隐藏起来，只将必要的操作公开，即可有效地防止“使用了错误的步骤”“随意地改写了数据”等问题的发生。

图2-7列举了几种面向过程型和面向对象型的语言示例。

图2-5 面向过程型

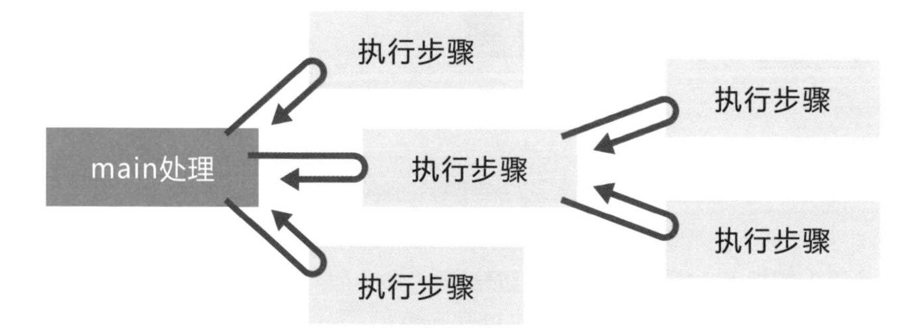

图2-6 面向对象型

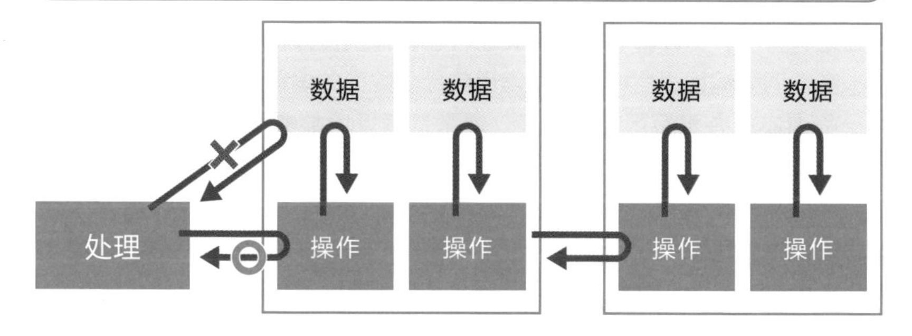

图2-7 面向过程型和面向对象型的语言示例

面向过程型	面向对象型
BASIC、C语言、COBOL、Fortran、Pascal 等	C++、Go、Java、JavaScript、Objective-C、PHP、Python、Ruby、Scratch、Smalltalk 等

知识点

- 虽然面向过程型是从很早开始一直沿用至今的编程语言，但是近年来面向对象型的编程语言也变得越来越多。
- 由于面向对象型的编程语言是将数据和操作集中起来进行处理的，因此能够提高代码的可维护性。

» 声明式编程语言

保持状态不变的函数型

虽然面向过程型与面向对象型的思维方式不同，但都是向计算机下达“步骤”的指示，因此可以将它们归类为“命令型”的编程语言。在这类编程语言中，人们关心的是“如何”处理问题。

与之相对的，还有重视处理本身“是什么”的、被称为声明型的编程语言，如图2-8所示。这种类型的语言不是编写处理的步骤，**而是将“定义”传递给计算机，由计算机对该定义进行解释并执行操作**。

在声明型编程语言中，较为常用的是**函数型**的编程语言。但是，函数型这一称谓本身并没有严格的定义，通常是指以函数的组合进行编程的代码风格。

虽然命令型中也会使用函数（步骤），但是命令型会根据状态的获取和变化来进行处理，而在函数型编程语言中定义的函数往往是没有状态的，如图2-9所示。由于**无论状态如何，只要输入相同，输出的结果就必然相同**，因此这类编程语言易于进行测试。

此外，由于函数也可以被当作数据进行处理，将函数作为数据传递给函数，就可以通过定义和运用函数来实现处理，可以使用统一的风格编写代码。可以说，这种思维方式与面向对象型那样将数据和操作进行集中处理的思维方式截然不同。

以真假值为中心的逻辑型

在声明型编程语言中，还包括被称为**逻辑型**的编程语言。从很久以前就被用于研究人工智能的Prolog就是逻辑型语言中具有代表性的存在，如图2-10所示。

逻辑型编程语言是使用逻辑公式对关系进行定义的。这一关系称为表达式，只取真或假的值。虽然“寻找符合条件的对象”这一思维方式是一种全新的视角，但是由于存在处理速度慢等问题，现在在实际工作中已经很少用到。

图2-8 命令型与声明型

命令型	声明型
• 面向过程型 • 面向对象型	• 函数型 • 逻辑型

图2-9 过程型与函数型在思维方式上的区别

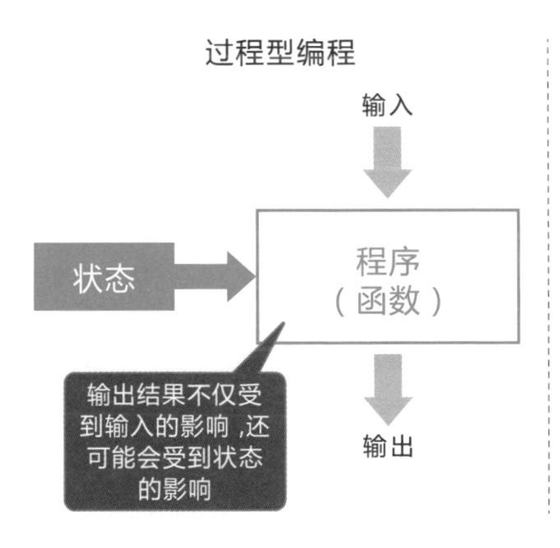

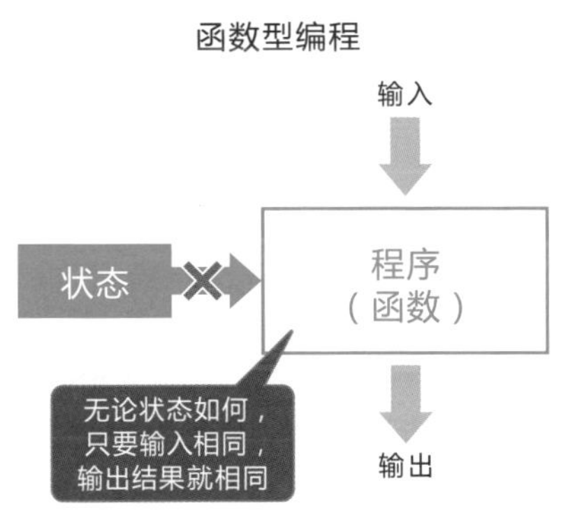

图2-10 函数型与逻辑型语言的示例

函数型	逻辑型
Clojure、Elixir、Haskell、LISP、OCaml、Scheme等	Prolog等

知识点

- 除了面向过程型、面向对象型之外，还存在函数型和逻辑型的编程语言。
- 函数型语言的特点是只要输入相同，输出就会相同，并且函数也可以作为数据进行处理。

使用简便的编程语言

能立即执行的脚本语言

可以很轻松地编写一个简单的小程序的编程语言被称为**脚本语言**。例如文件操作、连续执行多个命令时所使用的Shell脚本，主要用于在Web浏览器中执行的JavaScript和VBScript，网页应用中经常使用的PHP、Perl、Ruby、Python等都属于脚本语言。

不同于向大众发布的程序，脚本语言主要用于开发者自己为了简化处理而执行的小程序，以及使用Web浏览器访问网页应用这类程序当中，如图2-11所示。

自动处理中使用的宏

用于将手动操作转换为自动化操作的程序被称为**宏**。在用于操作Word和Excel等办公软件的VBA中，可以使用鼠标操作进行记录并执行处理。如果是用于操作编辑器和浏览器的WSH等应用，则需要使用JavaScript和VBScript等语言编写。

甚至是文本编辑器也可能会运行自己专用的编程语言。这类专用的编程语言不仅可以用于自动化，有时还可以用于普通的编程当中。例如，名为Emacs的文本编辑器，就使用了名为Emacs Lisp的语言实现了各种各样的扩展功能。

定义结构的标记语言

一篇逻辑正确的文章，人类通过阅读可以理解其中的含义，而计算机则难以理解文章的意思。因此，对于标题和强调等信息，可以使用**向计算机指明文章结构**的**标记语言**。

例如，用于显示网页的HTML，会使用名为标签的符号将元素括起来，以此来标记和显示链接、图像等内容，如图2-12所示。

图2-11 脚本语言的特点

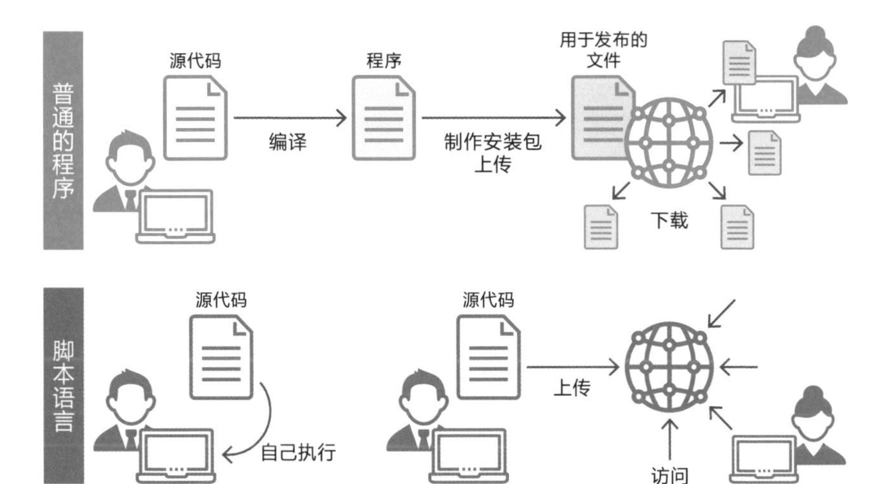

图2-12 HTML的示例

知识点

- 执行很小的程序时使用脚本语言是非常方便的。
- 在Word和Excel中提供了宏，用鼠标操作就可以记录和执行处理。
- HTML等标记语言可以定义文章的结构并向计算机传达这些结构信息。

编程语言的比较1

历史悠久的C语言与增加了面向对象的C++语言

C语言是从很久以前就在系统开发中被大量使用的历史悠久的语言，C语言代码示例如图2-13所示。C语言不仅可以用来开发应用程序，还可以用来编写操作系统。可以这样说，如果要**对接近硬件的部分进行操作，C语言就是不二之选**。

此外，还有在C语言中增加了面向对象功能的C++语言。通常情况下，C++的编译器也可以编译用C语言编写的代码。目前C++语言也被广泛应用于微型计算机（家电等）、物联网等嵌入式系统设备中的软件开发中，以及游戏开发中。

使用者众多的Java语言

Java语言自2000年推出就大受用户欢迎，Java语言代码示例如图2-14所示。它不仅常用于企业的实际业务中，也常出现在大学的计算机课程中。其特点是使用者众多。

由于是在名为JVM的虚拟机上执行程序的，因此**只要是能够运行JVM的环境就可以使用Java**。它不仅常用于企业网页应用的开发，还能用于Android应用的开发。

应用领域广泛的C#语言

C#是由微软开发的编程语言，常用于Windows应用（.NET Framework应用）的开发。它使用的是与C++、Java相似的语法。由于可以免费使用在后续内容中将要讲解的Visual Studio集成开发环境，因此C#是一种**对初学者而言非常友好的语言**。

C#不仅可以用于开发具备图形界面的应用、iOS和Android应用的Xamarin框架，连最近用于游戏开发的Unity平台也将其作为代表性的语言，应用领域极其广泛。

图2-13 C语言代码示例（计算字符串中空格数的程序）

> count_space.c

```
#include<stdio.h>

int count_space(char str[])
{
    int i, count = 0;
    for (i = 0; i < strlen(str); i++)
        if (str[i] == ' ')
            count++;
    return count;
}

int main()
{
    printf("%d\n", count_space("This is a pen."));
    return 0;
}
```

图2-14 Java语言代码示例（计算字符串中空格数的程序）

> CountSpace.java

```
class CountSpace {
    private int countSpace(String str) {
        int count = 0;
        for (int i = 0; i < str.length(); i++)
            if (str.charAt(i) == ' ')
                count++;
        return count;
    }

    public static void main(String args[]) {
        CountSpace cs = new CountSpace();
        System.out.println(cs.countSpace("This is a pen."));
    }
}
```

知识点

- 在需要操纵硬件的软件和嵌入式系统的软件开发中，现在仍然主要使用C语言。
- 可以在各种不同环境中开发的Java语言人气极旺。

编程语言的比较2

开发有趣、学习简单的Ruby

Ruby是一种由日本人开发的、在全球范围内广受青睐的编程语言，如图2-15所示。这是一种经常被人评价为“写代码好快乐”，可以毫无压力地享受编程乐趣的语言，并且很容易学习。

名为Ruby on Rails的框架（参考6-2节）非常有名，不仅用于很多的网页应用开发，而且也**越来越多地被用于编程教育等领域**。

人气暴涨的Python

Python是一种拥有相当丰富的数据分析和统计功能类软件库的编程语言，近年来常用于机器学习等人工智能领域的开发，如图2-16所示。与其他众多语言不同，其**特点是通过缩进的深度来表示代码块**。

此外，像Raspberry PI等小型的计算机也对Python提供了默认支持，并且也常用于网页应用的开发，非常受程序员们的欢迎。很多相关书籍也如雨后春笋般出版，各种资料也是层出不穷。

能立即上手的PHP

PHP是一种在很多网页应用中使用的编程语言。在租赁服务器中对这种语言大多提供了支持，因此无须手工构建执行环境即可上手使用。

它不仅可以嵌入到HTML中使用，**由于提供了丰富的网页应用框架，还可以很轻松地创建出动态网页**。由于是一种便于初学者开发的语言，因此使用这种语言的开发者很多，可供参考的信息也足够丰富。

图2-15　Ruby代码示例（计算字符串中空格数的程序）

count_space.rb

```
def count_space(str) count = 0
    str.length.times do |i|
        if str[i] == ' '
          count += 1 end
        end
        count
end

puts count_space("This is a pen.")
```

count_space2.rb（常用的写法）

```
puts "This is a pen.".count(' ')
```

图2-16　Python 代码示例（计算字符串中空格数的程序）

count_space.py

```
def count_space(str):
    count = 0
    for i in range(len(str)):
        if str[i] == ' ':
          count += 1
    return count

print(count_space("This is a pen."))
```

count_space2.py（常用的写法）

```
print("This is a pen.".count(' '))
```

知识点

- 最近的网页应用开发中，使用较多的是以Ruby on Rails 著称的Ruby和PHP。
- Python 在数据分析、统计和机器学习领域越来越受到关注。

编程语言的比较3

备受关注的JavaScript

JavaScript是一种主要用于Web浏览器中的处理语言，如图2-17所示。该语言常用于在不迁移Web页面的情况下动态地更新网页内容，以及浏览器与Web服务器的异步通信中。最近，一种可以转换为JavaScript使用的TypeScript语言非常受人关注。

在网页开发中，React、Vue.js以及Angular等框架深受欢迎，因此程序员不仅需要具备JavaScript和TypeScript的知识，还需要具备相应的框架知识（参考6-2节）。

这一语言的应用范围并不止于网页应用，有越来越多的人将其应用于使用Node.js的Web服务器端的应用、使用Electron的桌面应用，以及使用React Native的手机应用等多种开发领域中。

它不仅是一种编程语言，人们还基于JavaScript中数据的定义，使用了名为JSON（JavaScript Object Notation）的格式，实现与其他应用之间的数据交换。

由于**只要有文本编辑器和Web浏览器，就可以着手开发**，因此有的学校甚至将其纳入了教材中。毫无疑问，它是一种在今后也会继续受到关注的语言。

能将简单的处理自动化的VBScript和VBA

VBScript是一种由微软开发的脚本语言，可以在Windows环境和Web浏览器（Internet Explorer）中编写简单的处理，如图2-18所示。它是基于桌面应用中常用的Visual Basic开发的，经常被初学者选用。

与用于Word和Excel中自动执行处理的VBA（Visual Basic for Applications）相同，**VBScript常用于将简单的手动操作变成自动化处理**。

图2-17 JavaScript代码示例（计算字符串中空格数的程序）

count_space.js

```
function countSpace(str){
    let count = 0
    for (let i = 0; i < str.length; i++) {
        if (str[i] == ' ') {
            count++
        }
    }
    return count
}

console.log(countSpace("This is a pen."))
```

count_space2.js（常用的写法）

```
console.log("This is a pen.".split(' ').length - 1)
```

图2-18 VBScript 代码示例（计算字符串中空格数的程序）

count_space.vbs

```
Option Explicit

Function CountSpace(str)
    Dim i, count
    For i = 1 To Len(str)
        If Mid(str, i, 1) = " " Then
            count = count + 1
        End If
    Next
    CountSpace = count
End Function

MsgBox CountSpace("This is a pen.")
```

知识点

- JavaScript 不仅可用于Web浏览器端执行处理的场合，也可用于Web服务器端和桌面应用等各种开发场景中。
- VBScript和VBA 常用于Windows 的自动化处理中。

实现随处运行的能力

兼顾处理速度和易用性

为了发挥脚本语言的易用性优势，虽然可以使用解释器的方式来实现处理，但是考虑到网页应用这类需要反复执行代码的情况，如果预先进行编译，在速度方面的优势就会更为明显。

因此，即便在那些看上去是在逐行解释执行代码的编程语言中，实际上**在其内部执行了编译处理**的语言也在增加。这类语言的实现方法被称为**JIT（Just In Time）方式**，虽然第一次执行处理时需要时间，但是第二次以后的执行速度就会明显提升。

因此，现在我们很难以编译器和解释器为基准来区分编程语言。即使是同一种语言，同时支持解释器和编译器双重执行方式的也不在少数。

不依赖操作系统和CPU的格式

如果是解释器方式，即使源代码的语法中存在错误，直到执行之前也是不会被注意到的。因此，有时候我们需要采用预先确认语法和执行结构，并生成更接近机器语言的**字节码**（中间码）的方法来解决这类问题，如图2-19所示。

如使用字节码，就不需要再关心用户所使用的操作系统和CPU架构等问题，可以以通用的格式发布程序，如图2-20所示。在用户实际使用时，再将字节码转换为机器语言执行的JIT方式是较为通用的做法。

采用这一实现方法的编程语言中，最著名的就是Java。编译后生成的字节码是通过Java VM（虚拟机）执行的。正如Write Once、Run Anywhere这句口号所声称的，其特点是可以不依赖于任何平台的执行代码。除此之外，Windows的.NET Framework也使用了名为CIL的中间语言。

图2-19 字节码的执行

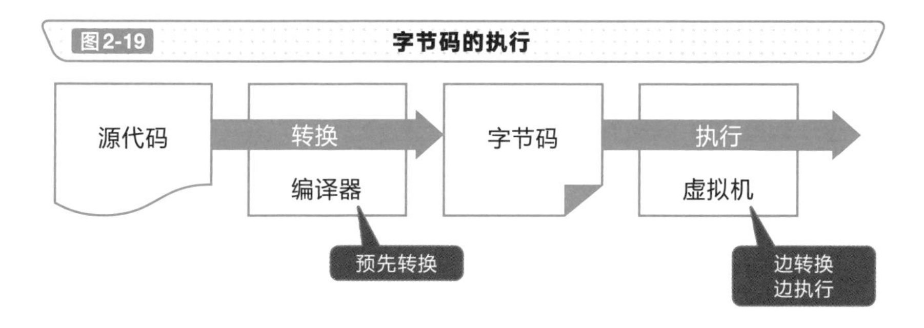

图2-20 使用字节码的优势

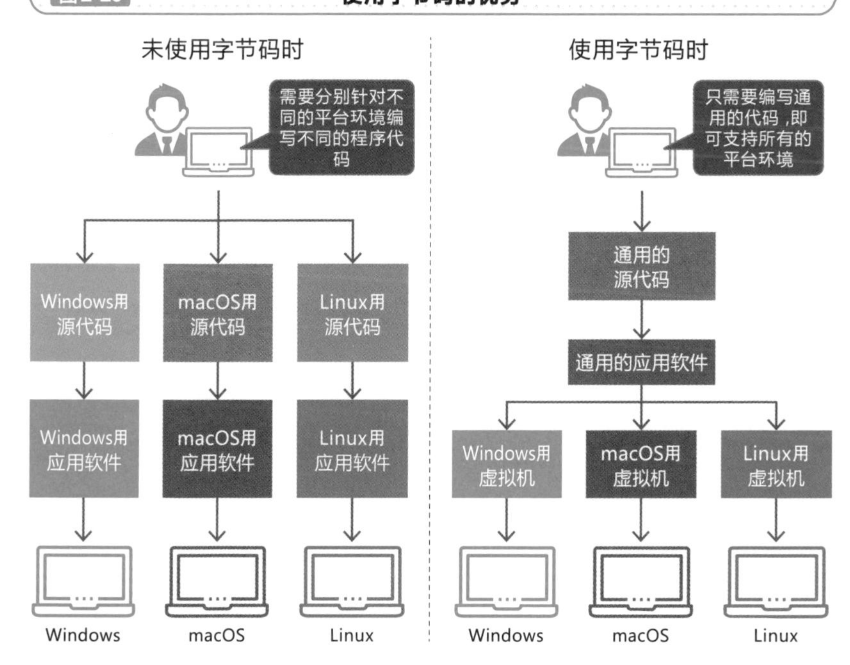

知识点

✎即便是在可以像解释器一样使用的语言中，也存在首次执行时需要在内部经过编译器处理以加快执行速度的语言。

✎使用字节码，就不存在需要根据发布平台的操作系统和CPU架构来分别编译代码的问题，可以减轻开发者的负担。

编程语言的选择方法

根据目的选择

学习编程的动机和编写程序的目的因人而异。既有“想要提高自己的工作效率”“想要销售软件挣大钱”“想要创造新的服务为社会做贡献”的人，也有“想要学习编程为将来做准备”的人。

因此，编程只是实现目的的一种有效手段。也就是说，**只要能够达到目的，选择任何一种编程语言都没有问题**，如图2-21所示。实际上，只要确定了想要编写的内容和**执行环境**，就可以在某种程度上锁定可以使用的语言的种类。

例如，如果是创建Windows的桌面应用，可以使用C#和VB.NET；如果是iPhone应用，可以使用Objective-C和Swift；如果是租赁服务器运行网页应用，可以使用PHP、Perl；如果是将Excel的处理变为自动化处理，可以使用VBA等语言。

根据开发规模选择

如果是要创建网页应用，那么编程语言的选择是非常多的。如果是选择可以在Web服务器上生成控制台应用的语言，由于基本上使用任何一种语言都可以实现，因此受到**开发规模**的影响很大。

例如，“开发成员是否习惯使用”“是否易于为新人所用”“当问题发生时是否能够得到支持”“资料是否准备充分”等，我们可以根据不同的理由选择合适的语言。

如果是大规模的系统可以选择Java，通过租赁服务器实现的中小规模的系统可以选用PHP，初创型公司则可以选择Ruby（Ruby on Rails）、Python、Go等一些常用的语言。此外，也可以参考表2-1编程语言人气排行榜进行选择。

图2-21 根据目的进行选择

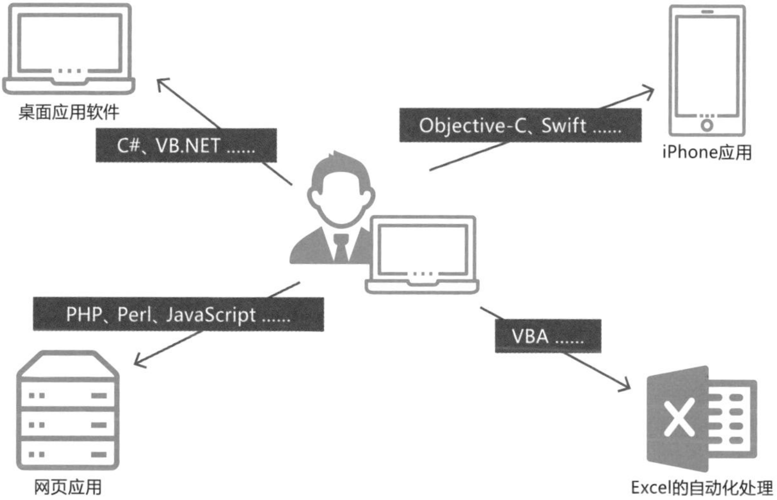

表2-1 编程语言人气排行榜

顺序	编程语言	使用率	顺序	编程语言	使用率
1	C	17.07%	6	Visual Basic	4.18%
2	Java	16.28%	7	JavaScript	2.68%
3	Python	9.12%	8	PHP	2.49%
4	C++	6.13%	9	SQL	2.09%
5	C#	4.29%	10	R	1.85%

注：数据来自2020年5月编程语言人气排行榜（TIOBE Index for May 2020）。

知识点

- 当我们不知道选择哪种语言比较好而犹豫不决时，可以从想要制作的内容和执行环境等方面的因素开始考虑。
- 有时候根据公司和项目的开发规模，允许使用的语言是已经确定了的。
- 我们也可以参考编程语言的人气排行榜来选择语言。

输入与输出

输入和输出是程序的基本

所谓程序，我们可以把它想象成是一种对接收的输入进行处理，再输出某些信息的东西。如果无论有无输入都能够得到相同的结果，那就不需要创建程序了。此外，如果无法得到输出结果，那么输入也将变得毫无意义。

可以说，我们所使用的程序都是如图2-22所示的那样，**存在输入和输出的组合**。

程序的输入和输出中最容易理解的例子就是，对键盘的输入进行处理，在显示器上显示处理结果，如图2-23所示。如果是简单的程序，就是从控制台中输入，并将处理结果输出到控制台，如图2-24所示。像这样来自控制台键盘的输入使用**标准输入**（STDIN）来表示，而显示到显示器（控制台）的输出则使用**标准输出**（STDOUT）表示。

如果是编写使用打印机打印的程序，输入就是文件，输出就是打印机的印刷结果。**当多个程序联动运行时，还存在将其他程序的输出结果作为输入，将处理结果传递给其他程序的情形**。

如果将标准输入重定向到文件或其他程序，那么使用相同的程序（不需要修改程序）就可以对这些输入进行处理。如果将标准输出重定向到文件或其他程序，就可以切换程序的输出对象。

将错误信息输出到标准错误输出中

如果只有标准输入和标准输出，当发生错误时，错误信息就会输出到标准输出中。因此，系统还提供了专门用于**错误信息输出**的**标准错误输出**。

这样一来，当发生错误时就可以将错误信息输出到其他的文件中了。

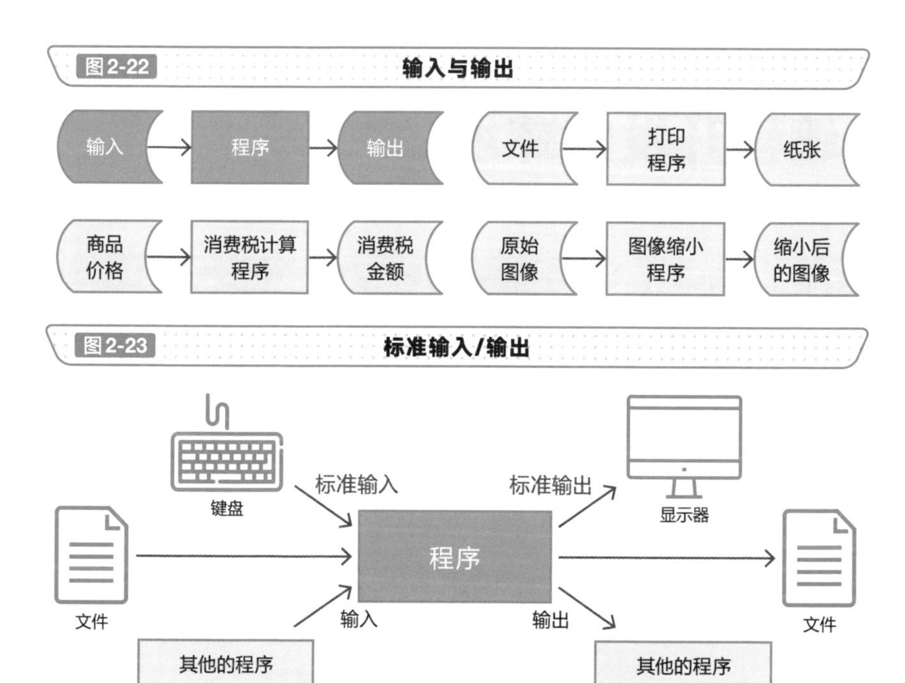

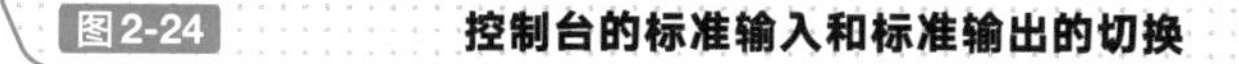
图2-24 控制台的标准输入和标准输出的切换

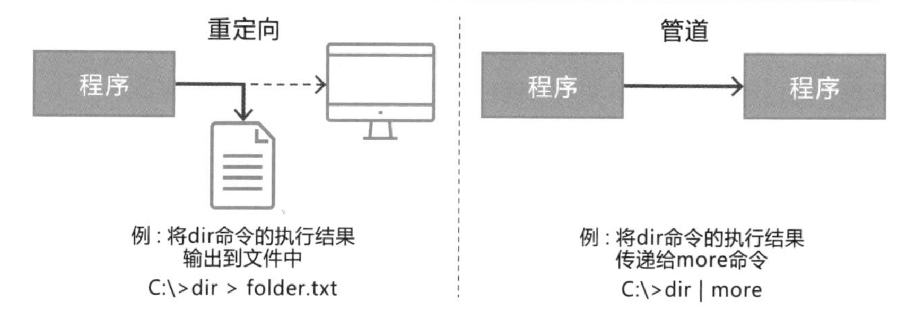

知识点

- 通常，来自控制台键盘的输入被指定为标准输入，通过显示器（控制台）产生的输出被指定为标准输出。
- 使用系统的重定向或管道功能，可以对标准输入或标准输出进行切换。

编程开发的环境

简单高效的编辑器

由于源代码是文本形式的，因此也可以使用Windows中附带的“记事本”编写程序。但是，通常情况下我们会选择使用更加便利的编辑器（文本编辑器），如图2-25所示。

使用编辑器，不仅可以为源代码中出现的**关键字添加颜色以使人更容易辨识**，而且还可以灵活运用**搜索、替换，以及自动补全输入等功能**。这样一来，不仅可以提高源代码的输入速度，还可以提高代码的正确率。

比起接下来将要讲解的IDE和RAD工具，由于编辑器的起动速度更快，可以高效地运行，很多开发者都在使用。

开发功能支持丰富的IDE

IDE（集成开发环境）是比编辑器功能更加丰富的软件，如图2-26所示。它不仅可以用于编写代码，**还可以将大量源代码作为一个项目进行统一管理，可以在同一个软件中执行调试、编译和运行等不同的操作**。

还有一些集成开发环境不仅可以管理源代码和图像文件，还具备版本管理等功能。虽然启动时比编辑器要慢些，但是其优势是初学者也可以使用鼠标轻松地进行操作。

可以用图形界面配置的RAD工具

如果是Windows应用和手机应用，用户是使用鼠标或通过单击来操作按钮的。在开发这些功能时，还可以使用通过图形界面即可设置按钮和文本框的工具。

这类工具被称为RAD（Rapid Application Development，快速应用开发）工具。由于RAD工具可以实现比输入源代码更高速的开发，因而得到了广泛的应用。

图2-25 编辑器的示例

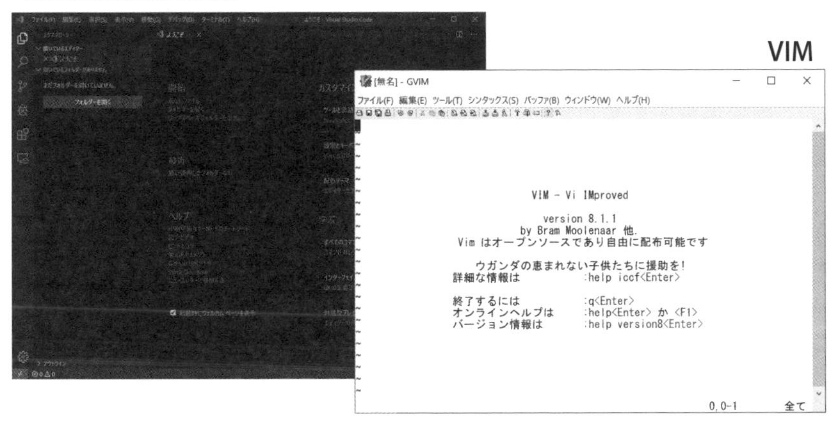

图2-26 IDE的示例

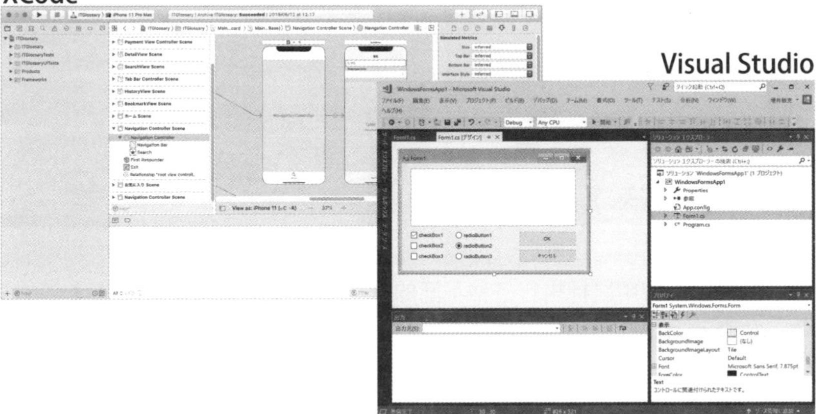

知识点

✐在编写源代码时，使用编辑器和IDE可以高效地进行开发。

✐IDE虽然配备了丰富的功能，但是启动需要更长的时间。如果是较小的程序，使用编辑器开发会更加方便。

开始实践吧

习惯命令行操作

创建程序时，不仅可以使用文本编辑器和IDE，需要使用命令行进行操作的情况也并不少见。桌面应用和手机应用的开发，虽然最近只使用IDE就能完成的情况在增加，但是开发网页应用还是需要具备一定的Linux相关知识。

因为如果事先不知道Windows的命令提示符、PowerShell命令、Linux和macOS的UNIX系统的命令，将无法进行操作。

大家可以尝试执行符合自身环境的命令，对文件和文件夹进行操作。在此将尝试在Windows中执行简单的命令。选择“开始”→“Windows系统工具”→“命令提示符”命令，执行下列粗体显示的命令。

```
C:\Users\xxx>cd C:\                          ← 移动到C:\内
C:\>dir                                      ← 显示文件夹内的文件一览
C:\>mkdir sample                             ← 创建名为sample的文件夹
C:\>cd sample                                ← 移动到新创建的sample文件夹内
C:\sample>echo print('Hello World') > hello.py
                                             ← 创建示例的Python程序
C:\sample>type hello.py                      ← 确认刚创建的程序文件的内容
C:\sample>del hello.py                       ← 删除创建的程序文件
C:\sample>cd..                               ← 移动到上一级目录中
C:\>rmdir sample                             ← 删除之前创建的文件夹
```

从上述代码中可以看到，即便只知道移动、创建和删除文件夹的执行命令，也可以不使用鼠标执行各种不同的操作。请大家务必尝试使用其他的命令，并查阅上述命令的其他选项。

第3章

数值和数据的处理方法——

怎样才是理想的数据处理方式

了解计算机处理数据的方式

日常生活中常用的十进制数

在表示商品的价格和物体的长度时，我们通常都是使用0~9这10个数字来作为每个位数上的值。一位数不够用时就使用十位数，十位数不够用时就使用百位数……这种使用0~9的数字增加位数来表示数值的方式被称为**十进制**。

我们之所以习惯使用十进制数，可能是因为“人类的两只手总共有10个手指，比较容易数数”的缘故。

方便计算机处理的二进制数

计算机是靠电力驱动的机器，适合采用通过**“开”“关”来控制的方式**。因此，我们经常会使用“0”和“1”这两个值组成的**二进制数**。与十进制数一样，当一位数不够用时就会增加位数。

如表3-1所列，由于很难判断其中的“10”是十进制的10还是二进制的10，因此一般我们会在其右下角写上基数[①]来区分。例如，十进制的18，如用二进制表示，就是$10010_{(2)}$。

二进制数的加法运算和乘法运算满足图3-1所示的规则。根据这一规则，十进制的3×6，在二进制中就可以像$11_{(2)} \times 110_{(2)} = 10010_{(2)}$这样进行计算，得到的结果就是表3-1中的十进制数18。

为减少位数使用的十六进制数

虽然可以使用二进制数来表示数值，但是如果数值较大，需要的位数就会变得很多。例如，十进制的255，在二进制中就变成了$11111111_{(2)}$这样8位数的值。此外，如果排列了很多0和1，对于大家而言看起来是很费劲的。因此，通常的做法是使用由0~9的数字和A、B、C、D、E、F组成的16个数字表示的**十六进制数**。

---

① 基数：指一个位数上使用的值的个数。二进制数的基数是2、十进制数的基数是10。

表3-1 十进制数、二进制数和十六进制数的对应表

十进制数	二进制数	十六进制数	十进制数	二进制数	十六进制数
0	0	0	16	10000	10
1	1	1	17	10001	11
2	10	2	18	10010	12
3	11	3	19	10011	13
4	100	4	20	10100	14
5	101	5	21	10101	15
6	110	6	22	10111	16
7	111	7	23	1000	17
8	1000	8	24	11000	18
9	1001	9	25	11001	19
10	1010	A	26	11011	1A
11	1011	B	27	1100	1B
12	1100	C	28	11100	1C
13	1101	D	29	11101	1D
14	1110	E	30	11110	1E
15	1111	F	31	11111	1F

图3-1 二进制数的运算规则和运算示例

加法运算	乘法运算
0 + 0 = 0	0 × 0 = 0
0 + 1 = 1	0 × 1 = 0
1 + 0 = 1	1 × 0 = 0
1 + 1 = 10	1 × 1 = 1

加法运算示例

```
  100
+ 111
-----
 1011
```

乘法运算示例

```
     11
  × 110
  -----
     11
    11
  -----
  10010
```

知识点

- 十进制使用的是0~9这10个数字，二进制使用的是0和1这2个数字，十六进制则使用由0~9和A~F组成的16个数字来表示。
- 由于计算机是使用二进制数进行处理的，但是直接使用二进制数来表示，就需要使用很多的位数，因此有时我们也会使用十六进制数来表示。

理解二进制数的处理

不存在进位的逻辑运算

二进制数也可以像十进制数那样进行加法运算和乘法运算。除此之外，还有**将“0”和“1”对应成“假”和“真”的真值（逻辑值）进行计算的用法**。这种运算方法被称为**逻辑运算**（布尔运算）。

逻辑运算包括图3-2中展示的“与运算”“或运算”“非运算”“异或运算”，表示它们的运算结果的值被称为真值表，如图3-3所示。其中，与、或、异或是针对a和b这两个值的运算，而非运算是针对某个单一值的运算。

在表示计算机的电路图时，需要使用逻辑电路的电路符号。逻辑电路中就包含了与上面介绍的逻辑运算相对应的符号，也称为MIL符号。

以位为单位进行处理的位运算

由于逻辑运算不存在进位的问题，因此可以对各个位单独进行处理。而集中对所有的位进行逻辑运算的方法被称为**位运算**。例如：

10010 AND 01011 = 00010, 10010 OR 01011 = 11011

此外，位运算中除了AND、OR、NOT、XOR 之外，还会经常用到**移位运算**。正如其名称所示，这是一种对位进行移动的运算。左移运算是将所有的位向左移，右移运算则是将所有的位向右移动，如图3-4所示。

根据二进制数的特点，向左移一位时，值就会变成两倍；向右移一位时，值就会减半。由于移位运算只是将位移动，因此能够比用笔算乘以2和除以2 更快地进行处理。例如，要变成3 倍数时，只需要将向左移一位（2倍）的数与原始数字相加即可；6 倍数则只需要将向左移1位（2 倍）的值与向左移2位（4 倍）的值相加就可以得到结果。

图3-2　逻辑运算

逻辑与(a AND b)

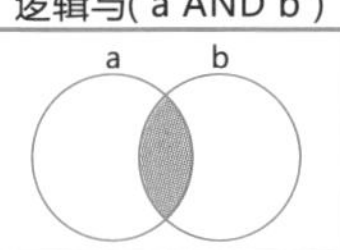

逻辑或(a OR b)

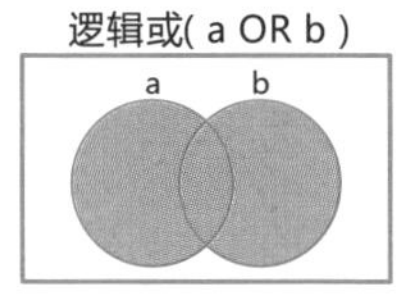

逻辑非(NOT a)

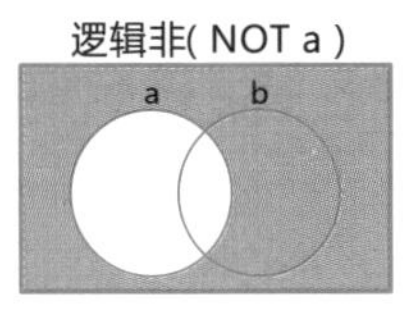

逻辑异或(a XOR b)

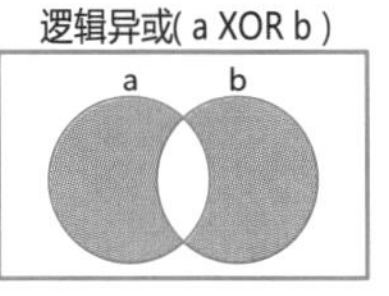

图3-3　真值表

与运算(a AND b)

a \ b	0(假)	1(真)
0(假)	0(假)	0(假)
1(真)	0(假)	1(真)

或运算(a OR b)

a \ b	0(假)	1(真)
0(假)	0(假)	1(真)
1(真)	1(真)	1(真)

非运算(NOT a)

a	NOT a
0(假)	1(真)
1(真)	0(假)

异或运算(a XOR b)

a \ b	0(假)	1(真)
0(假)	0(假)	1(真)
1(真)	1(真)	0(假)

图3-4　位运算的示例

非运算

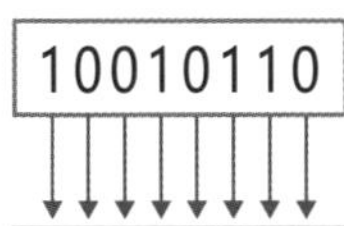

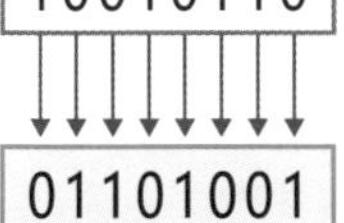

一次性对每位数据执行相同的逻辑运算

与运算

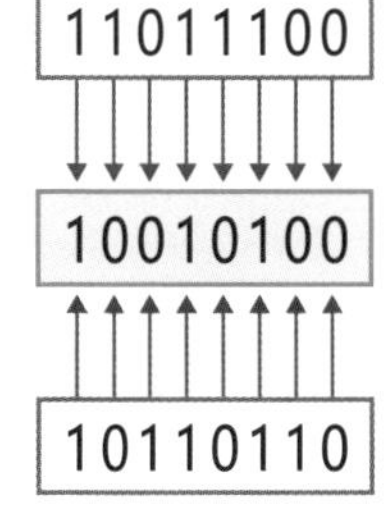

左移运算

10010110

1001011000

向左移动两位
(右侧用0填充)

右移运算

10010110

10010

向右移动3位
(舍去右侧数据)

知识点

- 位运算，是针对所有的位进行的逻辑运算。
- 使用移位运算可以高速地实现变成2倍数的运算。

理解计算的基础

计算基本上与算术是一样的

为了便于人类理解，大多数编程语言会采用与算术相同的方式来表示四则运算。例如，像加法运算“2+3”和减法运算“5–2”这样用在数字中间夹着运算符来表示。

注意，乘法运算中使用的“×”是全角文字中的符号，编程时则会使用半角文字中的“.”符号。此外，除法运算也是同样的，不是使用“÷”，而是使用“/”符号，像“3.4”和“8/2”这样表示，如图3-5所示。

计算的优先顺序也与算术相同

在一个计算公式中，有时需要将加法运算和乘法运算组合在一起进行计算。例如，计算“1+2*3”时，算术是先进行乘法运算，之后再进行加法运算，因此答案就是“7”。

编程也是一样的，计算时乘法运算在前，加法运算在后。这种计算方式被称为“**运算符的优先级**”。虽然不同的编程语言会有些许不同，但是基本上都是按照表3-2所列的顺序进行计算的。

要改变这一优先顺序，需要与算术一样使用括号。例如“(1+2)*3”就是先计算“1+2”，再将其计算结果与3相乘，得到的结果就是“9”。

常用的取模运算

在编程中，“取模运算”是经常要用到的。在算术中它被称为“求余数”。所谓余数，是指**通过除法运算不能整除的剩余部分**。由于余数是周期性地循环生成相同的值，因此对于那些需要定期执行相同处理的程序而言是非常合适的。例如，每隔一行改变发票的颜色、将小时变成分、将分变成秒的运算都可以简单地实现。

图3-5　C语言、Python的实现示例

> | C语言的示例

```
#include <stdio.h>

int main(){
    printf("%d\n", 5 + 3);    // 加法运算
    printf("%d\n", 5-3);      // 减法运算
    printf("%d\n", 5 * 3);    // 乘法运算
    printf("%d\n", 5 / 3);    // 除法运算
    printf("%d\n", 5 % 3);    // 求余运算
}
```

> | Python 的示例

```
print(5 + 3)    # 加法运算
print(5-3)      # 减法运算
print(5 * 3)    # 乘法运算
print(5 // 3)   # 除法运算（整数）
print(5 / 3)    # 除法运算（小数）
print(5 % 3)    # 求余运算
```

表3-2　运算符的优先顺序

优先顺序	运 算 符	内　容
高	**	幂运算
↑	*,/,%	乘法、除法、求余
｜	+, -	加法、减法
｜	<, <=, ==, !=, >, >=, 等	比较运算符（参见第3-5节）
｜	NOT	逻辑非
↓	AND	逻辑与
低	OR	逻辑或

知识点

- 四则运算的运算顺序与普通的算术一样，但可以使用乘、除运算符或括号来改变运算的优先顺序。
- 使用取模运算，可以简单地对那些周期性出现的值进行处理。

让计算机保持记忆

作为保存数据的场所的变量

在程序中用于指定数值保存位置的方法，可分为变量和常量两种（见图3-6）。

在数学方程式中，类似x和y这类用于指代所要求取的值的符号称为变量。顾名思义，就是指这个值会发生变化。此外，将程序执行过程中会发生变化的**各种数据保存在内存**时也会使用变量。

如果需要反复地执行复杂的计算，那么我们需要事先进行共同部分的计算，并保存计算结果，在后续的处理中就可以再次使用这些计算结果，这样一来就可以提高程序的执行效率。因此，我们就需要**为这些中间数据提供存储的位置，并为这一位置指定名称**。为存储位置指定了名称后，我们就可以将其中保存的数值读取出来。

在上面的示例中，虽然不需要对值进行修改，但是如果需要反复对值进行处理，就可能需要对值进行修改了。例如，九九乘法运算，比起将1~9的所有数字都写出来，将1~9的数字保存到一个变量中，并在执行过程中修改变量的数值的做法，会让程序代码更易于阅读，如图3-7所示。

写入之后无法修改的常量

变量中所保存的数值是可以被修改的。也就是说，可以向变量中反复地写入不同的值。如果我们不查看变量的内容是无法知道其中具体保存的是什么数值，而且某个开发者保存的值可能会被其他的处理改写。这就意味着，根据程序具体内容的不同，**出现问题的风险可能会比较高**。

为了避免这种情况的发生，就需要使用**一旦保存后，数据就无法被修改**的常量，如图3-8所示。常量和变量一样，相同的值在多个位置使用时，我们不需要多次重复地编写该数值。使用常量，当程序试图改变其中的数据时就会发生错误。使用常量的好处不但是在修改代码时容易理解，而且只要看到名字就能知道是什么值。

图3-6 **变量与常量**

变量

可反复写入

常量

只能写入一次

图3-7 **循环处理中的变量**

> | 不使用变量的场合

```
print("%d * %d = %d" % (1, 1, 1 * 1))
print("%d * %d = %d" % (1, 2, 1 * 2))
print("%d * %d = %d" % (1, 3, 1 * 3))
…
print("%d * %d = %d" % (9, 7, 9 * 7))
print("%d * %d = %d" % (9, 8, 9 * 8))
print("%d * %d = %d" % (9, 9, 9 * 9))
```

【执行结果】

```
1 * 1 =   1
1 * 2 =   2
1 * 3 =   3
   ⋮
9 * 7 =  63
9 * 8 =  72
9 * 9 =  81
```

> | 使用变量的场合

```
for i in range(1, 10):                  ← 使用变量i
    for j in range(1, 10):              ← 使用变量j
        print("%d * %d = %d" % (i, j, i * j))
```

图3-8 **使用常量的示例**

```
PI = 3.14              ← 圆周率
ROOT_DIR = '/'         ← 系统的根目录
```

知识点

- 使用变量，不但可以方便地保存临时产生的数值，而且可以修改变量的内容。
- 使用常量，其中保存的值是无法被修改的，因此即使我们将常量误当成变量使用，也不会出现常量被意外修改的问题。

与数学中的“=”的区别

将值代入变量

在数学中，用字符和数字表示的数值被称为**值**。编程也是一样的，为了表示数值，采用了各种各样的数值表现形式。此外，将值保存到变量的处理被称为**代入**，如图3-9所示。

代入到变量，就可以将值保存到该变量所指向的区域。这种情况下，**之前保存在该变量中的值就会被覆盖**。例如，“x=5”这一处理是指“将5代入x中”的意思，即使之前变量x中已经保存了数值，但在这之后访问变量x时，读取出来的就会是5这个值。

由于只要指定变量名称，就可以读取该变量中保存的值，因此有时也会使用“x=x+1”这种写法来表示。从数学的角度看，这种写法是不正确的；而在编程中，这是表示将之前的变量x加上1的值，再次代入变量x中的意思。也就是说，在“x=5”之后执行“x=x+1”，x的值就会变成6。

比较两份数据之间的关系

在数学中，对数字的大小进行比较时，会使用“>”“<”和“=”等符号。在编程中，需要通过条件分支比较大小时，会与数学一样使用符号，即**比较运算符**，见表3-3。

例如，想要确认是否“x小于y”时可以使用“x<y”，想要确认是否“x大于y”时则可以写成“x>y”。但是，要确认是否“x等于y”时，很多编程语言则会采用“x==y”这样将两个“=”并列的方式。这样写的理由是，代入已经使用了“=”。此外，像VBScript等语言中，代入和比较都是使用“=”，也有像Pascal这样在代入中使用“:=”，在比较中使用“=”的语言。

此外，代表不相等时通常使用“x<>y”或“x!=y”。

图3-9 与代入同时进行计算的示例

> | Python 的场合

```
a = 3          ← 将3 代入a
print(a)       ← 输出“3”
a += 2         ← 将a 加上2 的值代入a（与a = a + 2 相同）
print(a)       ← 输出“5”
a-= 1          ← 将a 减去1 的值代入a（与a = a - 1 相同）
print(a)       ← 输出“4”
a * = 3        ← 将a 乘以3 的值代入a（与a = a * 3 相同）
print(a)       ← 输出“12”
a //= 2        ← 将a 除以2 的值代入a（与a = a // 2 相同）
print(a)       ← 输出“6”
a * * = 2      ← 将a 的平方值代入a（与a = a * * 2 相同）
print(a)       ← 输出“36”
```

表3-3 比较运算符（Python 的场合）

比较运算符	含　义
a == b	a 与b 相等（值相同）
a != b	a 与b 不相等（值不同）
a <b	a 小于b
a >b	a 大于b
a <= b	a 小于等于b
a >= b	a 大于等于b
a <>b	a 与b 不相等（值不同）
a is b	a 与b 相等（对象相同）
a is not b	a 与b 不相等（对象不同）
a in b	a 元素包含在列表b 中
a not in b	a 元素不包含在列表b 中

知识点

- 可以使用代入将值保存到变量中。
- 对两个值进行比较时，需要使用比较运算符。

方便读代码的人理解的名字

不允许作为变量名使用的保留字

对于变量的命名规则（变量名），在不同的编程语言中，存在的限制也不同。例如，Python 语言是第一个字符使用字母或下画线(_)、第二个和后面的字符则可以使用字母、数字和下画线。此外，变量名的长度是没有限制的，不过会对大写和小写进行区分。示例如图 3-10 所示。

除了需要遵从这一规则之外，**不同的编程语言对于允许作为变量名使用的名称也是有限制的**。例如，很多语言由于会将“if”用于条件分支，也就无法定义名为“if”的变量。

预先约定的不允许用作变量名的关键字被称为**保留字**，见表 3-4。保留字的定义因编程语言而异，不仅包含用于控制语法的保留字，还包括供将来使用（确实是保留）的保留字。

源代码中出现的字面量和魔法数字

源代码中出现的字符和数字被称为**字面量**。例如，像“x=5”这样代入到变量或常量时，这个“5”就是字面量。

但是如果只是单纯地写成数值，那么**除了编写代码的人之外，谁都不知道这代表什么意思**。这样的值被称为**魔法数字**。由于使用这样的数字的代码由不同程序员维护是很困难的，因此不是很受欢迎。

例如，“s=50*20”中，我们就不知道 50 和 20 是什么样的值。但是，如果写成“width=50”“height=20”“s=width*height”，就会知道这是一个计算长方形面积的公式，如图 3-11 所示。

即使是相同的计算，如果指定“price=50”“count=20”“s=price*count”，我们就会知道这是一个通过单价和个数计算合计金额的公式。

图3-10　Python中允许使用和不允许使用的变量名的示例

允许使用的名称示例	不允许使用的名称示例
tax_rate Python3	8percent 10times

※Python 的代码编写规范PEP-8 中，推荐变量名全部使用小写字母，单词之间用下画线连接。

表3-4　Python 3.7 中的保留字一览表

false	none	true	and	as	assert	async
await	break	class	continue	def	del	elif
else	except	finally	for	from	global	if
import	in	is	lambda	nonlocal	not	or
pass	raise	return	try	while	with	yield

图3-11　魔法数字

```
・・・
s = 50 * 20
・・・
```

阅读代码的人
很难立刻理解

知识点

- 变量名中可以使用字母、数字、下画线等符号，但是不允许使用已经被指定为保留字的关键字。
- 由于源代码中突然冒出数字，只看数字我们是无法弄清其具体含义的，因此需要将它们保存到已经使用合适的名称命名了的常量中再使用。

用计算机处理数字

处理整数值

变量所占内存空间的大小取决于其中保存的值的类型。例如，如果为只保存0或1这两种值的变量分配很大的空间，就可能会因为内存空间的浪费而导致内存不足。

因此，对于那些经常使用的值，**根据值的类型，预先就确定了足够用于保存其值的内存**。其中，较为常用的数值是**整数**。像商品的金额、个数、顺序、页数等，我们日常生活中充满了随处可见的整数。

正如我们将Computer翻译成“计算机”一样，因为它是一种擅长计算的机器，是处理整数所必不可少的设备。计算机大都提供了对用于保存整数值的**整数类型**的支持。根据所需处理的数值大小，通常需要占用32位或64位的内存空间，见表3-5。

处理小数值

在转换零数、百分比和单位时，经常会使用小数。由于小数也需要通过二进制数进行处理，因此会使用**浮点数**这一表示方式。浮点数是由名为IEEE 754的规范制定的标准。常用的浮点数有单精度浮点数（32位）和双精度浮点数（64位），如图3-12所示。

这是一种由符号部分、指数部分以及尾数部分组成的，用固定长度表示的数据类型，也被称为**实数类型**，被绝大多数编程语言所采用。使用实数类型既可以表示整数也可以表示小数，但是**实数类型也有可能只能代表近似值**[①]**，所以即使是较大的数值，如果需要追求精度，通常也还是会使用整数类型**。

处理真值

有些编程语言中，也提供了对表示真和假的真值（逻辑值）的逻辑类型（布尔类型）处理的支持。

① 近似值：在无法表示精确的值时使用，指接近实际值的值。

表3-5 整数类型可处理数值的大小

大　小	有符号（带符号）	无 符 号
8位	-128～127	0～255
16位	-32768～32767	0～65535
32位	-2147483648～2147483647	0～4294967295
64位	-9223372036854775808～9223372036854775807	0～18446744073709551615

图3-12 浮点数的表示方式

单精度浮点数(32位)

符号(1位)	阶码(8位)	尾数(23位)

双精度浮点数(64位)

符号(1位)	阶码(11位)	尾数(52位)

【十进制小数到浮点数的变换】

❶符号位：正→0、负→1

❷将绝对值转换为二进制数

❸移动小数点位置(使小数开头为1)

❹尾数部分是去掉开头的1以外的位数

❺阶码与127相加并转换为二进制数

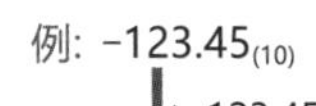

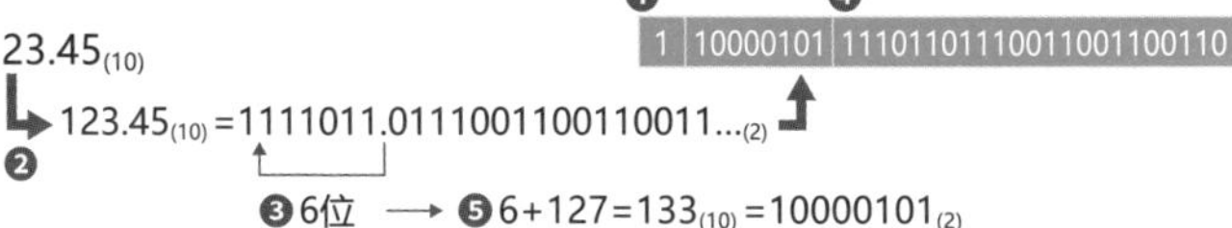

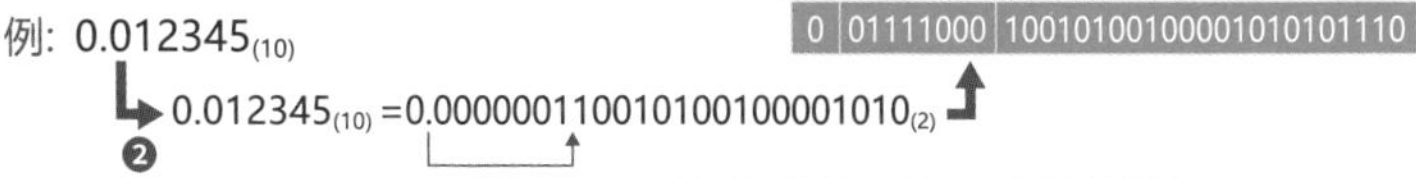

知识点

✎整数类型中包含带符号和不带符号的整数，根据类型大小的不同，可处理的数值大小也不同。

✎虽然实数类型是用浮点数实现的，但是表示的值有可能是近似值。

» 集中处理相同类型的数据

是预先分配内存还是执行时动态分配内存

由相同类型的数据连续排列而成的对象被称为**数组**，而数组中的每个数据则被称为元素。利用数组可以**对多个数据集中进行定义**。此外，由于每个元素都分配有相应的编号，因此还可以通过**指定从数组开头开始计数的编号的下标（索引）对其进行访问**。

例如，假设有10个箱子，每个箱子都是整数类型的元素（见图3-13），那么它们分别就是依次从开头开始的第0号元素、第1号元素、……、第9号元素。类似这种下标通常都是从0开始的。

此外，**预先确定了箱子数量并分配了内存（数组的大小）的数组**被称为**静态数组**。虽然事先知道数组大小可以实现更加高速的处理，但是也无法保存比预定尺寸更大的数据。

如果不知道需要处理的数据的量，或者在开始执行之前不知道数组元素的数量，可以采用**在执行时动态改变内存大小的方法**。这种数组被称为**动态数组**。虽然可以根据需要动态改变元素数量，但是处理所需的时间也更长。

此外，在向数组中添加元素时，如果在数组中间添加元素，就需要对位于其后的所有元素进行移动；删除元素时也是一样的，为了能够从开头位置对数据进行连续的访问，就需要将后面的元素全部向前移动，如图3-14所示。

在数组中放入数组

可以保存到数组中的元素不仅包括整数类型，小数和字符等类型也可以保存到数组中。此外，数组也可以作为元素被保存到数组中，这样的数组被称为**多维数组**。使用多维数组，可以像图3-15中那样，处理表格形式的数据。

图3-13 数组

图3-14 数组中的插入和删除

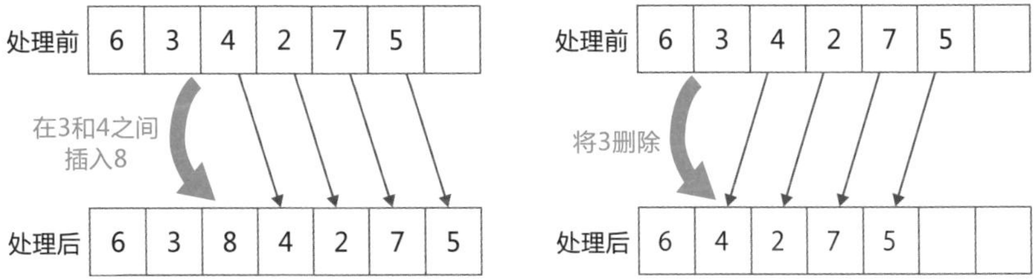

图3-15 多维数组

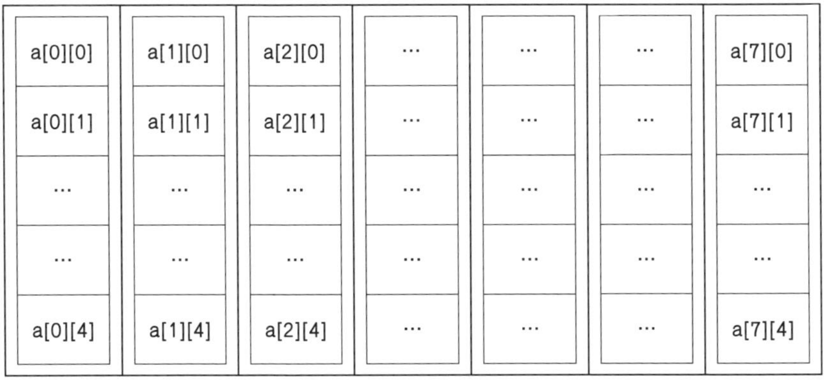

a[0][0]	a[1][0]	a[2][0]	…	…	…	a[7][0]
a[0][1]	a[1][1]	a[2][1]	…	…	…	a[7][1]
…	…	…	…	…	…	…
…	…	…	…	…	…	…
a[0][4]	a[1][4]	a[2][4]	…	…	…	a[7][4]

知识点

- 使用数组可以集中定义多个值，指定从开头位置进行定位的编号可以直接访问数组中的各个元素。
- 在数组中添加或删除元素时，需要对其他元素进行移动。如果元素数量很多，那么处理所需的时间也会更长。

用计算机处理文字

用于处理英文字母和数字的ASCII

在计算机上不仅可以使用数字，还可以处理字符的输入和输出。这种情况下，在计算机的内部会**将字符作为整数处理，并显示为该数字相对应的字符**。

例如，“A”这个字符对应的是65（十六进制的41），“B”对应的是66（十六进制的42），“C”对应的是67（十六进制的43）这样的整数。如果是英文字母和数字，通常情况下，我们会使用名为ASCII的**字符编码**（对应表）来表示。表3-6所列，是用十六进制数表示的ASCII码。

英文字母大写加上小写共有52种，再加上0~9的10种数字，以及一部分符号和控制符[①]，如果要表示所有这些字符，有128种就足以满足需求。要表示这128种字符，只需要使用7位数即可；而在ASCII标准中，还在7位的基础上多加了1位，因为大多数计算机处理的最小单位是1Byte（字节）[8bit（位）]。

用计算机处理字符串

字符是用于处理单个文字的，而像单词和句子这样由多个字符排列而成的数据被称为**字符串**。计算机在处理字符串时，**并不是对单个的字符分别进行处理，而是将一连串的字符集中保存到数组中使用**。

以C语言为首，在大多数的编程语言中，都是为字符串申请足够长的数组，并将需要使用的字符保存在其中。这种情况下，为了方便确定字符串具体会填充到数组中的哪个位置，我们将名为**NULL字符**的控制符（休止符）作为字符串的结束位置使用，如图3-16所示。

在C语言中，使用单引号（'）表示是字符，使用双引号（"）则表示是字符串。不仅如此，像Java、Ruby、Python这类语言，还专门提供了用于表示字符串的数据类型（类）。

---

① 控制符：用于指示显示器或打印机执行特定操作的特殊字符。

表3-6　基于ASCII的表示方式

	-0	-1	-2	-3	-4	-5	-6	-7	-8	-9	-A	-B	-C	-D	-E	-F
0-																
1-																
2-	SP	!	"	#	$	%	&	'	(	)	*	+	,	-	.	/
3-	0	1	2	3	4	5	6	7	8	9	:	;	<	=	>	?
4-	@	A	B	C	D	E	F	G	H	I	J	K	L	M	N	O
5-	P	Q	R	S	T	U	V	W	X	Y	Z	[	\	]	^	_
6-	`	a	b	c	d	e	f	g	h	i	j	k	l	m	n	o
7-	p	q	r	s	t	u	v	w	x	y	z	{	|	}	~	

注：灰色部分表示的是控制符。

图3-16　字符串

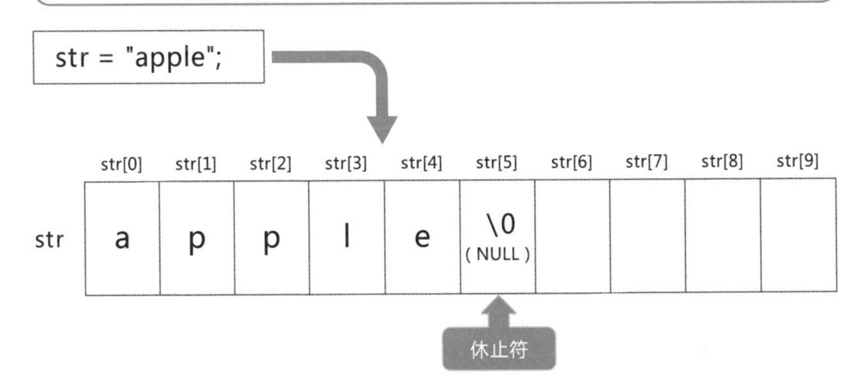

知识点

- 使用计算机表示字符时，是通过字符编码将字符与数值对应起来的。
- 由多个字符排列而成的数据被称为字符串。计算机在处理字符串时，在C语言中是分配数组并将字符逐个保存在数组中的，并在结尾处加上用于判断结尾位置的休止符。

用计算机处理日文时的注意点

混用多种字符编码会导致乱码

ASCII最多可以处理128种字符，但是日文中包含平假名、片假名、汉字等多种符号，仅有128种是不够用的。因此，表示日文的字符编码使用的不是1个字节，而是用2个以上的字节来表示。

在使用2个字节表示日文的字符编码中，较为常用的有Shift_JIS、EUC-JP和JIS编码。如果使用2个字节，最多可以表示65536种字符。

但是，**如果存在多种方式的字符编码，在不同的计算机之间处理数据时，可能会出现无法正确显示**的情况。例如，在前期的Windows中，通常是使用Shift_JIS编码，而UNIX操作系统则使用的是EUC-JP编码。在打开文件时，如果不是使用与创建文件的环境相同的字符编码，就会无法正确地显示字符。这种现象被称为乱码，如图3-17所示。

此外，不仅仅是日文，在处理世界各地的文字时，都可能出现类似的问题。中文、韩文以及其他很多国家也都制定了专门的字符编码（编辑注：GBK是中国1995年发布的汉字编码国家标准，BIG5是中国台湾地区繁体中文的标准字符集，两者都采用双字节编码），因此，查看由这些不同字符编码创建的文件是比较麻烦的事情。

能处理更多文字的Unicode

为了解决乱码，实现同时处理多种字符编码，通常采取的方案是使用Unicode字符集，如图3-18所示。这是一种国际性的字符编码集。与传统的字符编码相比，其特点是大幅度地增加了可处理的字符种类的数量。

但是这里需要注意的是，**Unicode不是字符编码，而是字符集**。其常用的符号化表示方式有UTF-8和UTF-16，它们各自表明了这个字符集是用什么样的编码来表示的。最近越来越多的应用场景中都使用了UTF-8编码。

图3-17 乱码的产生

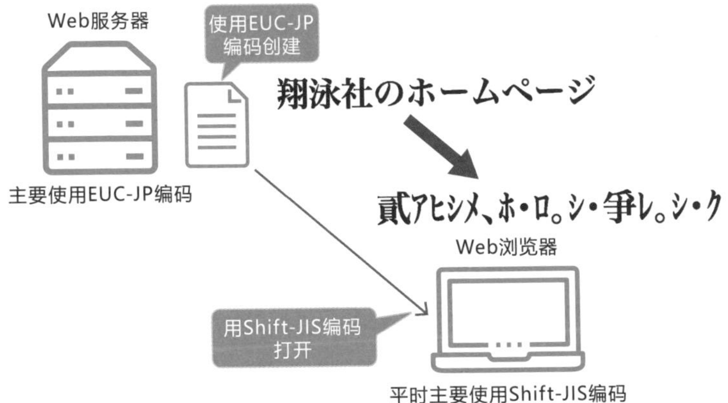

图3-18 国际性的Unicode

不同的语言都可以使用相同的文字编码处理

知识点

- 由于存在多种日文的字符编码，因此，如果没有正确地指定编码就可能会出现乱码的情况。
- 近几年较为常用的是国际性的字符集Unicode，UTF-8的编码方式是主流。

》表现复杂的数据结构

集中处理不同类型的数据

如果某个学校需要对学生的成绩进行处理，就可以考虑准备包含学生姓名的数组和考试分数的数组。但是，理想的做法并不是使用不同的数组分别对这些数据进行管理，而是将一个学生的成绩作为一个数据来集中进行管理。

数组只支持处理相同类型的数据，而**要将不同类型的数据进行集中处理**，可以使用**结构体**，如图3-19所示。要使用结构体，首先需要对使用了结构体的类型进行定义，并需要使用定义好的结构体类型进行变量声明。

例如，对集中了学生姓名和分数的类型进行定义，分数就可以由一个变量来处理。结构体不仅可以作为变量定义表使用，而且可以利用它制作一个数组对多名学生的成绩进行处理。因此，即使是不同类型的数据，也可以集中起来以易于理解的方式来表示。

枚举所有可能的值

虽然使用整数类型可以表示很多值，但是实际上使用时并不需要那么多的值。例如，将星期用数值来表示时，将星期天指定为0、星期一指定为1、……、星期六指定为6，有7种值就足够了。

而且，代入到表示星期几的变量中的值只需要使用0~6的整数即可，因此不需要代入其他的值。但是，如果指定为整数类型，如将星期二指定为“2”，只看这个数值则无法直观地理解这代表的究竟是星期几。

此时就可以使用保存特定值的**枚举类型**，如图3-20所示。由于代入的值看上去也很容易理解，**不仅可以减少编写代码时的错误，其他人在阅读源代码时也会比较容易理解**。

如果代入的是尚未定义的值，有的编程语言还支持抛出在4-8节中将要讲解的异常，这样就能防止错误的发生。

图3-19 **结构体的示例**

图3-20 **枚举类型的示例**

> 使用了星期的示例

```
from enum import Enum

class Week(Enum):                    // 枚举类型的定义
    Sun = 0; Mon = 1; Tue = 2; Wed = 3;
    Thu = 4; Fri = 5; Sat = 6

day_of_week = Week.Sun               // 代入枚举类型的星期
if (day_of_week == Week.Sun) or (day_of_week == Week.Sat):
    print('Holiday')
else:
    print('Weekday')
```

知识点

- 使用结构体，可以将不同类型的数据集中进行处理。
- 使用枚举类型，就可以对允许设置的值进行限制，这样就可以减少编写代码时的错误，也能够提高源代码的可读性。

实现不同数据类型的处理

转换为需要的数据类型

当需要将整数类型的数据转换为浮点数的数据、将字符串“123”转换为整数类型的123时，可以通过类型转换来实现。顾名思义，类型转换就是将某一数据类型的数据转换为其他类型的数据。

此外，有时即使程序员不显式地指定类型转换，编译器也会自动进行类型转换。这种转换被称为自动类型转换（隐式的类型转换）。例如，即使将单精度浮点数的值代入到双精度浮点数的变量中，值也不会发生变化。此外，将32位整数代入到双精度浮点数的变量中，值也不会发生变化。

另外，在源代码中指定类型转换的目标类型，强制性地进行类型转换则被称为强制类型转换（cast），如图3-21所示。将浮点数的值代入到整数类型的变量中，小数点后面的数据就会丢失，因此有些编程语言中会用到cast机制。

此外，在C语言等编程语言中，将double类型的浮点数代入到int整数类型的变量时，即使不进行显式地指定，程序也会舍去小数点后面的部分进行转换，如图3-22所示。虽然这个方法用起来很方便，但是也可以说这**很可能会产生其他意料之外的问题**。

超出数据类型支持上限的溢出

代入超出数据类型支持上限的值的行为被称为溢出（见图3-23）。例如，32位的整数类型可以处理-2147483648 ~ 2147483647范围的值，但是如果将3000000000代入到32位的整数类型的变量，由于变量类型的范围超出了上限，就会发生溢出。

类型转换也是同样的，当将字符串的值转换为整数类型的变量时，或者将32位的整数类型的值代入到8位的整数类型的变量时，就会**发生溢出，导致信息丢失**。

图3-21　需要转换类型的示例

> | 数值与字符串之间的类型转换

```
value = 123
print('abc'+str(value))          // 将整数转换成字符串再合并（输出abc123）
str = '123'
print(int(str) + value)          // 将字符串转换成整数再相加（输出246）

print('abc' + value)             // 将字符串与整数合并（发生错误）
print(str + value)               // 将字符串与整数相加（发生错误）
```

图3-22　类型转换时丢失信息的示例

> | 数值与字符串之间的类型转换

```
#include <stdio.h>

int main() {
    int a = 3.1;            // a中代入3
    printf("%d\n", a);   // 输出3
    return 0;
}
```

图3-23　溢出

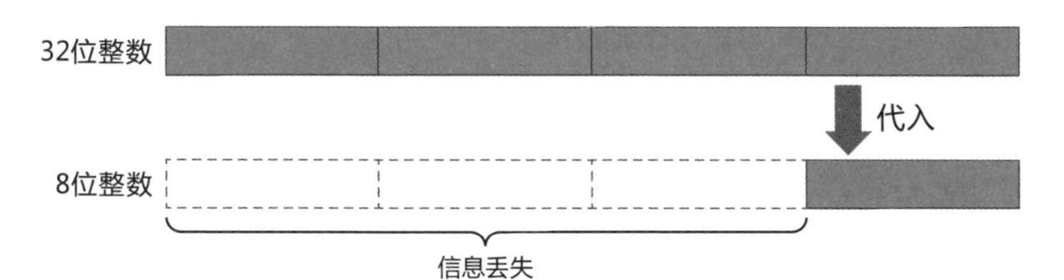

知识点

- 虽然通过cast机制可以对不同的数据类型进行转换，但是有时可能会丢失一部分信息。
- 每种类型所允许保存的数据大小是有上限的，如果保存超过上限的值，就会发生溢出，进而导致信息的丢失。

》使用名字而不是索引访问数组

用名字访问数组

访问数组时，需要将数值指定到下标作为目标元素的索引，而可以通过非数值进行访问的数据结构被称为关联数组。它不是像数组那样，指定第0号、第1号，而是像“英语”“算术”这样指定元素的名称进行访问（见图3-24）。

由于**可以将自己喜欢的名字作为下标来访问，那么看到源代码时就很容易理解该项处理的内容**。

在不同的编程语言中，可能会将关联数组称为关联列表、字典（Dictionary）、哈希（Hash）或者Map。

安全中常用的哈希

之所以将关联数组称为哈希，是因为存在哈希函数。哈希函数又称为散列函数，是一种对接收到的值进行某种转换处理并得到输出结果的函数，其特点是“相同的输入可以得到相同的输出”。利用这一特点，可以将其用于登录密码的保存和其他各种应用场景中，如图3-25所示。

关联数组中使用的是哈希表，其中一个很重要的**特点是“很少从多个输入中得到相同的输出”**。得到相同输出的现象被称为冲突。当发生冲突时，就需要进行调整，因此会降低处理效率。有关安全和密码方面使用的是被称为“单向哈希函数”的函数。除了上述特点之外，它还具有下列特点，我们可以利用这些特点将其用于密码的保存和检测文件是否被篡改等应用中。

- 如果输入稍有变化，输出就会发生很大的变化。
- 很难根据输出结果反向计算出输入数据。

图3-24 数组与关联数组的区别

普通的数组

成绩 0 1 2 3 4

使用编号访问

关联数组

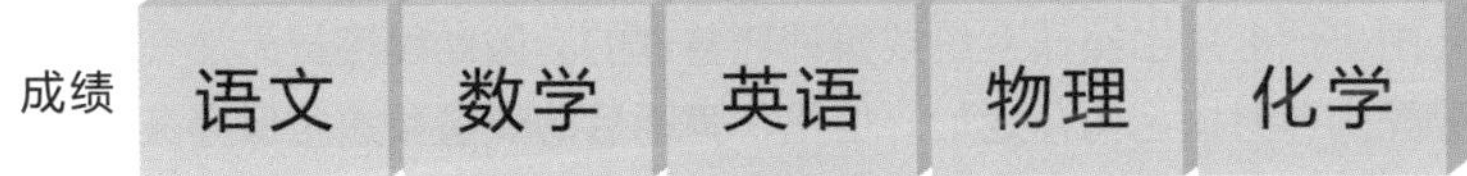

使用名字访问

图3-25 哈希的使用示例

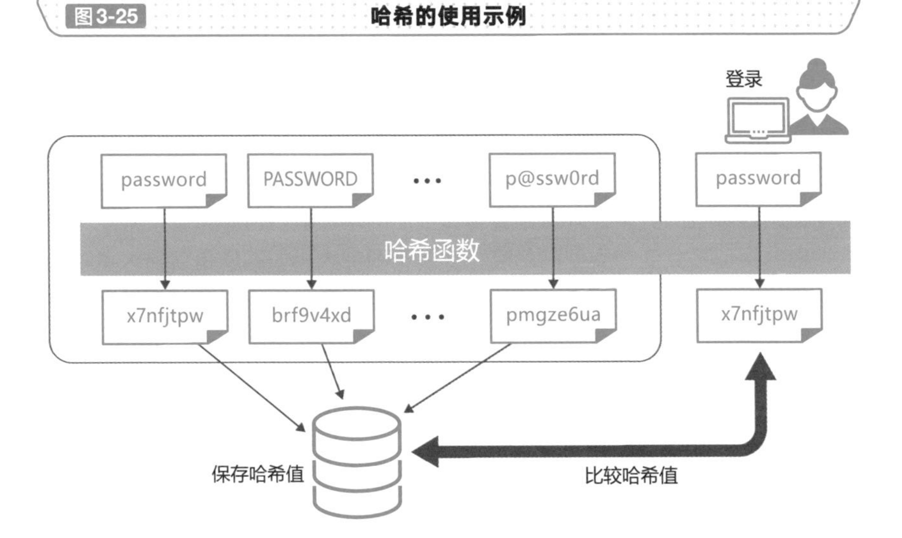

知识点

- 使用关联数组，就可以指定名称作为数组的索引进行访问，使源代码易于理解。
- 哈希中使用的哈希函数，虽然从相同的输入可以得到相同的输出，但不同的输入很难产生相同的输出。

理解内存结构处理数据

表示内存位置的地址

程序中所使用的变量和数组，在运行时是存储在计算机的内存中的。在这种情况下，内存中会附带表示位置的名为**地址**的编号，如图3-26所示。

由于地址是由操作系统或编译器管理的，因此程序员无法在为变量和数组分配内存时指定内存地址。但是，**声明后的变量和数组保存在内存中的地址是可以在程序内引用的**。

地址可分为CPU访问用的物理地址、程序记录和引用数据的逻辑地址。从编写程序的程序员的角度而言，内存地址指的是逻辑地址。

用地址操作内存的指针

专门用于在程序中处理地址的就是**指针**，如图3-27所示。指针可以用来定义指针类型的变量，并保存变量和数组的地址。

指针类型不受变量类型的影响，都是相同的大小。即使是包含大量项目的结构体，或者是可以保存大容量数据的变量，有时也可以通过指针来减少因复制大容量数据而花费的时间，实现高速化处理。此外，灵活运用指针，还具有简化程序实现的优点。

但是，由于指针**还可以访问内存中错误位置上的数据**，因此可能会引发安全方面的问题，或者导致程序异常结束。这就给程序员提出了一个要求，在程序中一定要避免对指针的不当使用。

虽然越来越多的编程语言出于安全方面的考虑，不允许程序员直接操作指针，但是**重要的是我们需要知道存在指针的概念，并理解它的编程思想**。

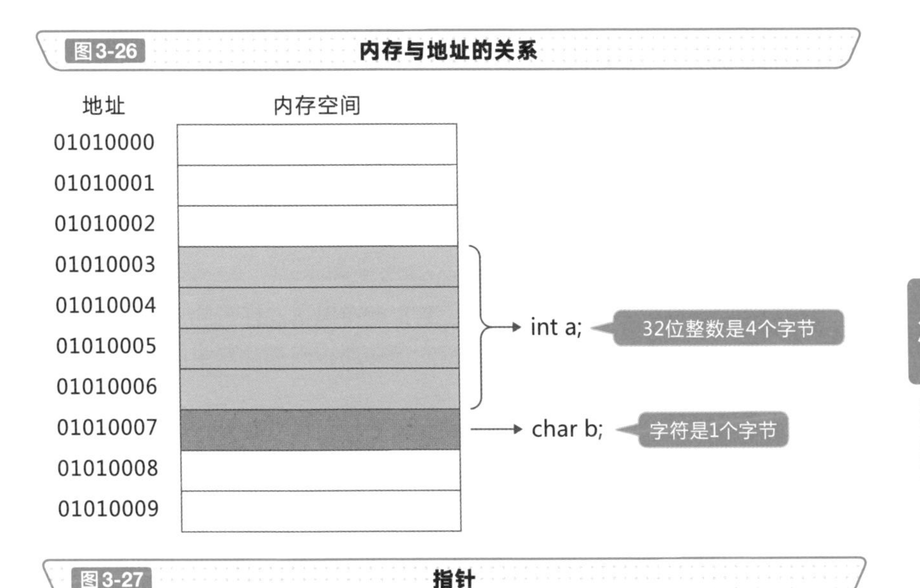

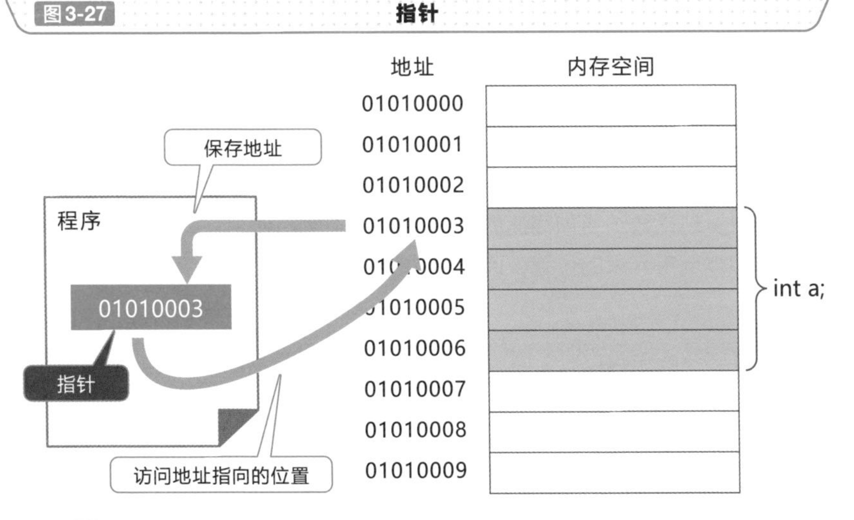

知识点

✐表示内存位置的地址，分为物理地址和逻辑地址。

✐在程序中处理内存地址时，需要使用指针，通过访问指针中保存的内存地址来操作变量和数组。

》理解顺序访问数据的结构

从头开始顺序访问的线性列表

在数组中，只要指定各个元素的位置，就可以访问任意的元素，但是向其中插入数据时，则需要将现有的数据向后移动，而删除其中的数据时，则需要将现有的数据向前移动。

当数据量不断增加时，处理花费的时间越来越长。此时就可以使用优化了数据结构的链表（单向列表）。链表是一种除了保存数据的内容之外，还会**保存表示下一个数据的地址的值，将数据连续地连接在一起的数据结构**，如图3-28所示。

添加数据时，需要“将前面的数据中保存的下一个数据的地址”变更为添加的数据的地址，并将“添加的数据中的下一个数据的地址”替换为前面的数据所指向的地址，如图3-29所示。在删除数据时，也需要对删除的数据的前面的数据中保存的“下一个数据的地址”进行修改。

这样一来，无论有多少数据，只需要替换下一个数据的地址即可，这种做法可以实现比数组更加高速的处理。但是，要访问特定的元素时，则不是像数组那样指定元素的位置，而需要从前依次进行访问。

可前后向访问的双向列表和环形列表

由于单向的链表只是保存指向下一个数据的地址，因此不能反向地进行访问。但是，也有**同时保存前面的数据的地址的数据结构**，即双向列表，如图3-30所示。

此外，将开头的数据地址保存到链表的末尾数据中，**遍历到结尾时再重新从头开始遍历**的数据结构被称为环形列表。

图3-28 链表

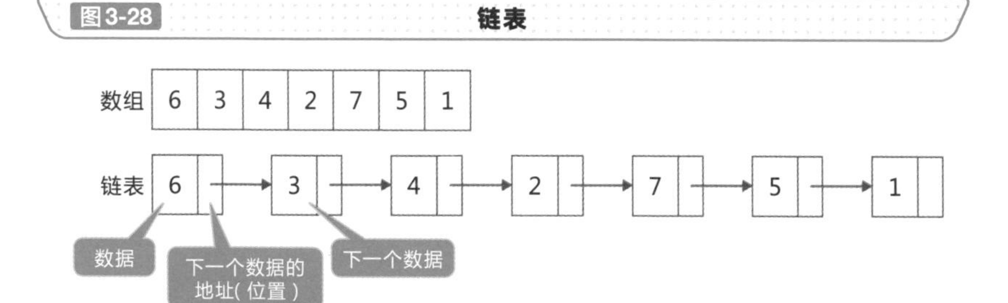

图3-29 向链表中插入/从链表中删除

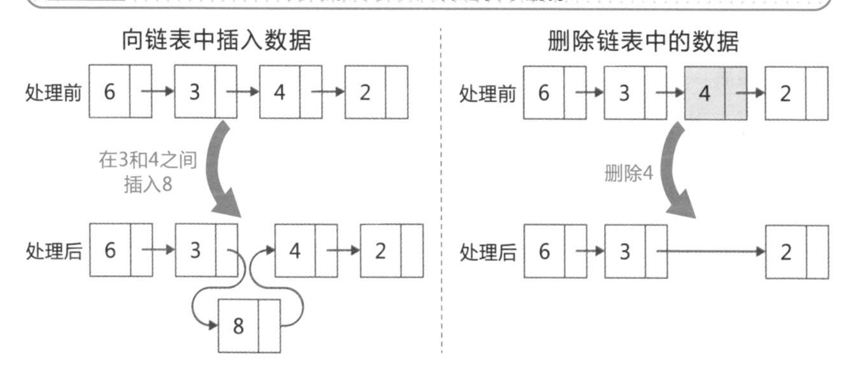

图3-30 双向列表和环形列表

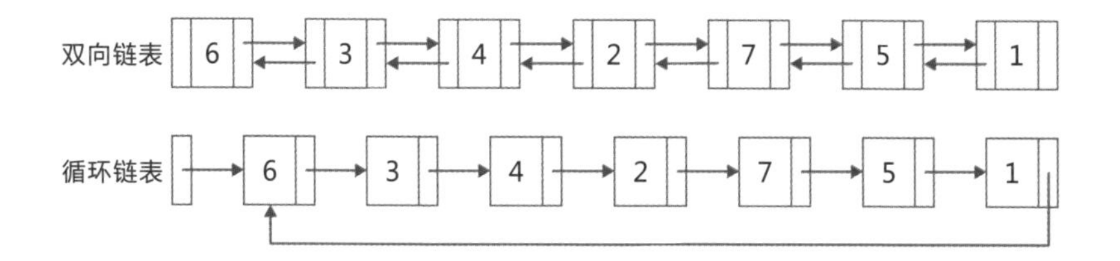

知识点

- 包含指向下一个元素的地址，可以从头开始依次访问的数据结构被称为链表。
- 如果使用链表，插入和删除处理的速度要高于数组，但是，当需要引用特定位置的元素时所需花费的时间就会比数组多。

》依次处理数据

依次处理积累的数据

考虑向数组中保存或取出数据时，需要使用尽量在不移动元素的情况下进行处理的方法。因此，经常会使用**从开头到末尾只单向地放入和取出数据的方法**。

将最后保存的数据先取出的数据结构被称为**堆栈**，如图3-31所示。这个名词缘于英语中的Stack，即“堆积”的意思。这是一种往箱子上堆积物体，从上面开始按顺序取出的方法。由于是先将最后保存的数据提取，因此也可称为“**后进先出**（Last In First Out）”。在4-16节中将要讲解的“深度优先查找”中，堆栈是一种常用的数据结构。

使用数组表示堆栈时，需要记住数组中最后元素的位置。这样我们就可以知道添加数据时需要放入的位置和删除数据的位置，从而实现高速的数据添加和删除处理。

此外，向堆栈中保存数据的操作被称为压栈，提取数据的操作被称为弹栈。

依次处理接收到的数据

按照保存的顺序提取数据的数据结构被称为**队列**（Queue），如图3-32所示。在英语中这个词具有“创建列队”的意思，就像在台球中击球一样，从一侧添加数据，从相反的一侧提取。由于是将先保存的数据先提取出来，因此也可称为“**先进先出**（First In First Out）”。队列常用于在4-16节中将要讲解的广度优先查找。

队列需要记住数组开头元素的位置和末尾元素的位置。添加数据时，需要接着最后的位置进行保存，删除时则需要从开头元素的位置开始提取。

此外，向队列中保存数据的操作被称为入队，取出数据的操作被称为出队。

图3-31 堆栈

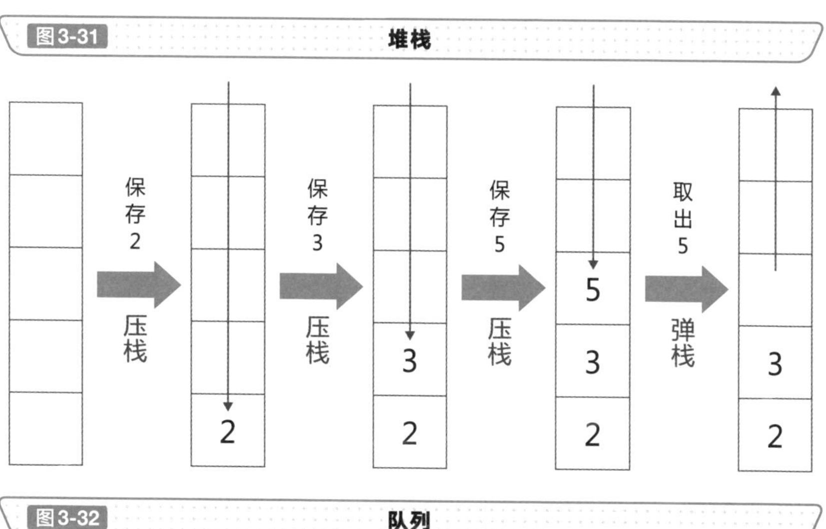

图3-32 队列

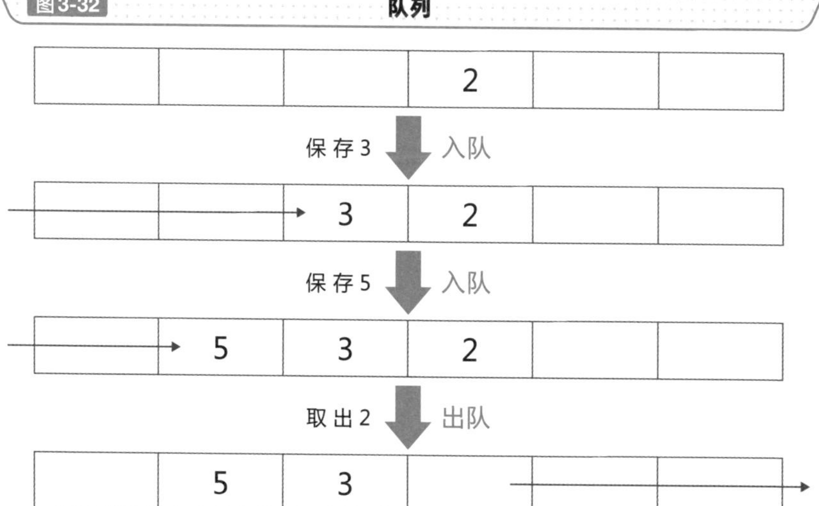

知识点

✐从最后保存的数据开始提取的数据结构被称为堆栈，常用于深度优先查找。

✐从最先保存的数据开始提取的数据结构被称为队列，常用于广度优先查找。

» 用层次结构处理数据

可以表现层次结构的树形结构

保存数据时，除了使用数组和链表结构之外，还可以使用其他多种不同的数据结构。其中，像文件夹的结构那样，**将数据像树木一样以倒置的形状连接起来的结构**被称为**树形结构**，如图3-33所示。

在这种连接数据的数据结构中，○的部分称为节点（Node），连接各个节点的线称为分支（Edge，或称为边），顶点的节点称为根（Root），最下面的节点称为叶（Leaf）。

此外，位于分支上面的节点称为父节点，位于分支下面的节点称为子节点。也就是说，呈现出一棵树从上到下延伸的样子。这一关系是相对的，有时某一节点是另一节点的子节点的同时，它也是其他节点的父节点。不过，根是没有父节点的，叶也没有子节点。

方便程序处理的二叉树和完全二叉树

树形结构的种类有很多，最常用的是**二叉树**。这是一种**从节点延伸出分支，且最多只有两分支的树形结构**，如图3-34（a）所示。

二叉树中，所有的叶都在同一个层次，除了叶之外的所有节点都包含两个子节点的树被称为**完全二叉树**[①]。

如果是完全二叉树，**也可以使用数组来表示树形结构**（父节点的下标乘以2再加上1，就是左侧子节点的下标，乘以2加上2就是右侧子节点的下标；相反的，子节点的下标减去1再除以2就可以计算出父节点的下标），如图3-34（b）所示。

像完全二叉树那样，元素均等分布，使得叶的深度几乎相同的树被称为**平衡树**（Balanced Tree）。

---

① 实际上，即便有一个层次不同，只要节点集中分布在树的左侧，在广义上也可以视为完全二叉树。

图3-33 树形结构

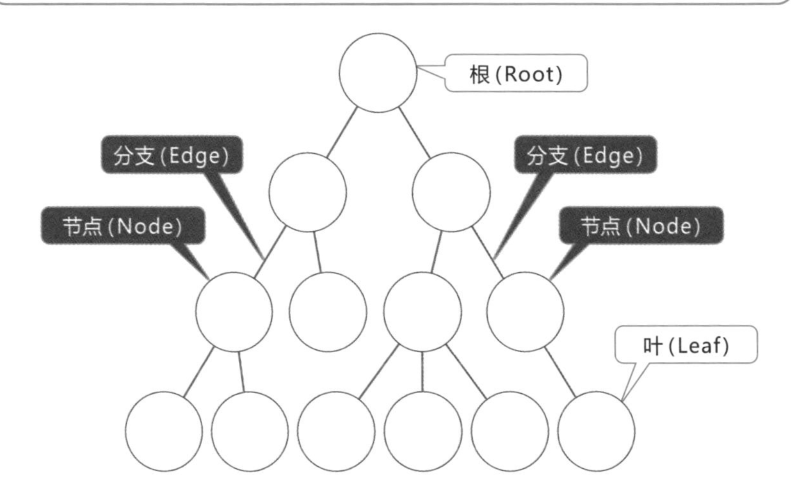

图3-34 二叉树与完全二叉树

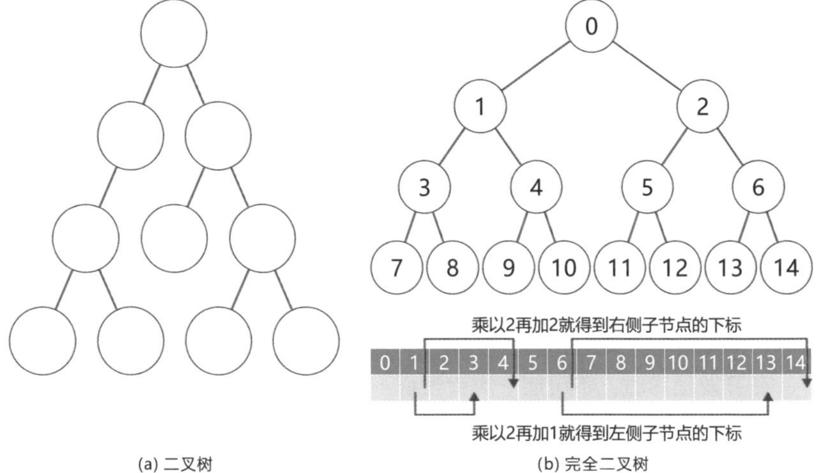

(a) 二叉树　　(b) 完全二叉树

- 使用树形结构，可以表示具有层次结构的数据。
- 常用的是二叉树，但是使用完全二叉树还可以通过数组来表示。

开始实践吧

实际编写一个程序并执行

如果我们不能实际地尝试程序的输入和执行，是无法理解输入方法和执行方法的。而且，体验处理时需要花费多少时间，以及当发生错误时，应当如何应对也是非常重要的经验。

请大家务必实际地输入源代码，并确认会产生什么样的输出结果。

在此将介绍在Web浏览器中执行Python程序的方法。虽然需要有Google的账号，但是不需要安装特别的软件。

❶访问Google Colaboratory，选择“新建NoteBook”。

❷在输入栏中输入下列源代码。

❸单击输入栏左侧的“执行”按钮，执行输入的源代码。

```
for i in range(1, 51):
    if (i % 3 == 0) and (i % 5 == 0):
        print('FizzBuzz')
    elif i % 3 == 0:
        print('Fizz')
    elif i % 5 == 0:
        print('Buzz')
    else:
        print(i)
```

如是发生错误，应确认是否存在输入错误（例如，缩进的位置不正确、遗漏了“:”、使用了全角文字输入等）。此外，缩进使用空格2个字符、4个字符、制表符等任意格式都没有问题，但是格式一定要统一。

在开发程序时，不可能一次错误都不发生就顺利完成了。因此，即使发生了错误，也不要太灰心。

第4章

流程图与算法——理解实现步骤，实现有序思考

画图理解处理流程

为什么需要使用流程图

我们在刚开始学习编程时，阅读源代码可能会比较吃力。即使是用中文或英文写的文章，那些涉及特殊行业的内容，要一行一行地阅读对于我们来说也是比较费劲的。但是，如果搭配图片一起阅读，就可以更加直观地理解其中的意思。

例如，编程就可以使用表示“处理流程”的**流程图**。这是一种JIS（Japanese Industrial Standard，日本工业标准）行业标准，**不仅可以表示程序的处理，还可用于制定业务流程。**

程序处理的基础包括顺序处理（一个一个地执行处理）、条件分支（根据指定的条件分别进行处理）、循环（多次执行同一处理）。这些处理可以使用表4-1中的符号，像图4-1那样来表示。由此可见，使用标准的符号来绘制流程图是非常重要的。

绘制流程图的场景

在跟很多程序员交流时，笔者都会听到“不会画流程图”“流程图没什么用”等诸如此类的说法。也有人说：“流程图常用于过程型的编程语言，但不适用于面向对象的语言和函数型语言。”面向对象语言中通常会使用UML（Unified Modeling Language，统一建模语言）。

实际上，在创建程序时，几乎是不需要绘制流程图的。在大多数情况下，只有当客户要求文档等资料时，才会在程序完成之后绘制。

因此，有些人会认为“既然是这样，那就不需要绘制了”，但是流程图是有很大优点的。那就是，**“不依赖于任何编程语言，非程序员也能理解”**。在向别人解释自己编写的程序时，不需要任何特殊知识，它是向初学者传达算法中心思想的有效方式。

表 4-1　流程图中常用的符号

含　义	符　号	详细内容
开始/结束	（圆角矩形）	表示流程图的开始/结束
处理	（矩形）	表示处理的内容
条件分支	（菱形）	表示根据条件分别进行处理，在符号中写入条件
循环	（上下切角矩形）	表示重复很多次，夹在开始（上）和结束（下）之间使用
键盘输入	（梯形）	表示使用者通过键盘输入
已经定义的处理	（双竖线矩形）	表示在别处定义的处理

图 4-1　具有代表性的处理流程

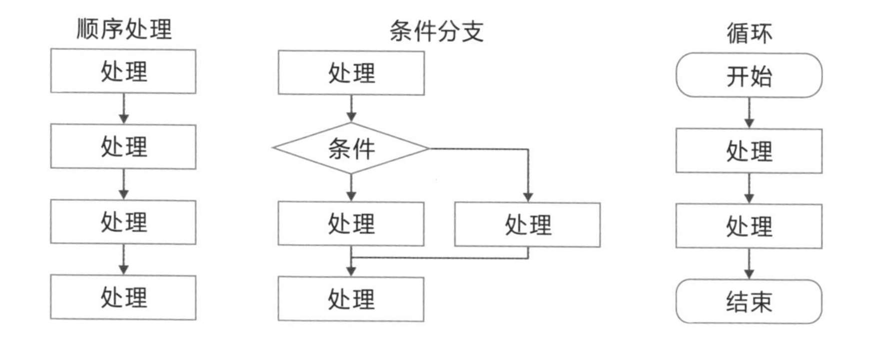

知识点

- 在对处理的流程进行说明时，可以使用流程图。
- 程序可以通过顺序处理、条件分支、循环的组合对各种复杂的处理进行表示。
- 基本上没有先绘制流程图再编写程序的情况，但是在向其他人进行说明时，使用流程图是非常有效的方法。

» 比较数据的大小

使用if实现条件分支处理

几乎所有的编程语言都是按照从上到下的顺序执行源代码的，只有在满足一定条件时，才会执行其他的处理。例如，“星期天需要执行特殊的处理”“只有雨天需要改变随身物品”等各种需要考虑的条件。

要实现这样的处理，就需要根据条件来进行处理，这种方式被称为**条件分支**。而要实现条件分支，大多数编程语言都是在if后面指定条件，只有在符合条件时才会执行写在其后的处理代码，如图4-2所示。

如果需要在不符合条件的情况下才执行某种处理，则可以在else的后面加上其他的处理，程序会选择执行其中的一项处理，如图4-3所示。

在Python中，是通过如下形式的代码来实现分支处理的。

```
if 条件:
    满足条件时需要执行的处理
else:
    不满足条件时需要执行的处理
```

可以将两个条件集中表示的三元运算符

如果只是根据条件是否满足来动态修改代入到变量中的值，或者是改变输出内容，可以使用只需要一行代码就能实现的**三元运算符**，如图4-4所示。

在Python中，使用的是如下所示的条件语句。

```
变量 = 满足条件时的值 if 条件 else 不满足条件时的值
```

在C语言等很多其他语言中，使用的是如下所示的条件语句。

```
变量 = 条件 ? 满足条件时的值: 不满足条件时的值
```

图4-2 **条件分支的示例（if）**

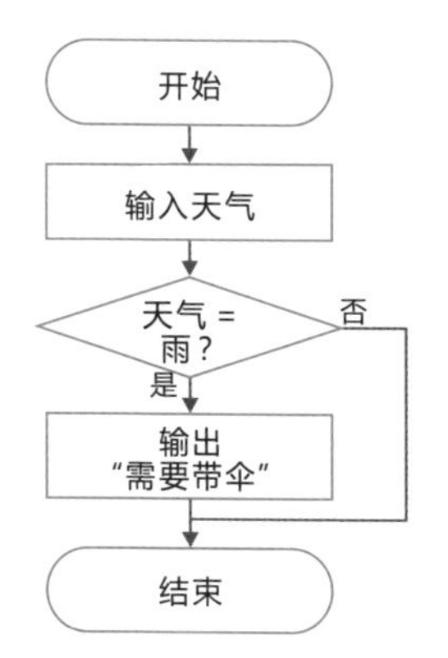

> | rain1.py

```
x = input()

if x == '雨':
    print('需要带伞')
```

图4-3 **条件分支的示例（if...else）**

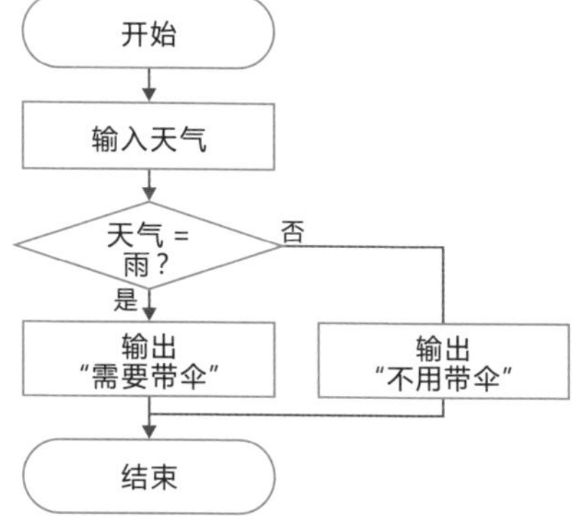

> | rain2.py

```
x = input()

if x == '雨':
    print('需要带伞')
else:
    print('不需要带伞')
```

图4-4 **三元运算符的示例**

> | rain3.py

```
x = input()
print('需要带伞' if x == '雨' else '不需要带伞')
```

知识点

- 需要根据条件来改变处理时，可以使用if...else语句的条件分支。
- 我们也可以使用通过一行代码表示条件分支的三元运算符。

» 反复执行相同的处理

按指定的次数反复执行

需要反复执行相同的处理时，可以使用**循环**。如要按指定的次数反复执行，在Python中是使用下列for语句，并在range中指定需要反复执行的次数。

```
for 变量 in range(循环次数):
    需要循环的处理
```

这种情况下，程序会根据指定的次数反复执行处理，变量值从0开始按照顺序不断增加并执行处理。例如，当指定循环次数为4时，就会依次将0，1，2，3的值保存到变量中，如图4-5（a）所示。

如果要将这一处理更改为不是从0开始，而是从指定的数字开始进行处理，可以在range中指定下限和上限。

```
for 变量 in range(下限,上限):
    需要循环的处理
```

需要注意的是，变量中会包含下限值，但却不会包含上限值。例如，当指定range(3,7)时，变量就会依次保存3，4，5，6的值，如图4-5（b）所示。

通过改变循环的变量，还可以实现二重循环和三重循环，变量的值都会依次发生变化，如图4-5（c）所示。

只在符合条件的情况下执行

如果事先没有确定好循环的次数和列表，可以使用只有当符合条件时才循环的方法，如图4-6所示。在Python中，是在while的后面指定条件，并反复执行位于其后的代码块中的处理。

```
while 条件:
    条件满足时需要执行的处理
```

图4-5　指定次数的循环、列表循环的示例

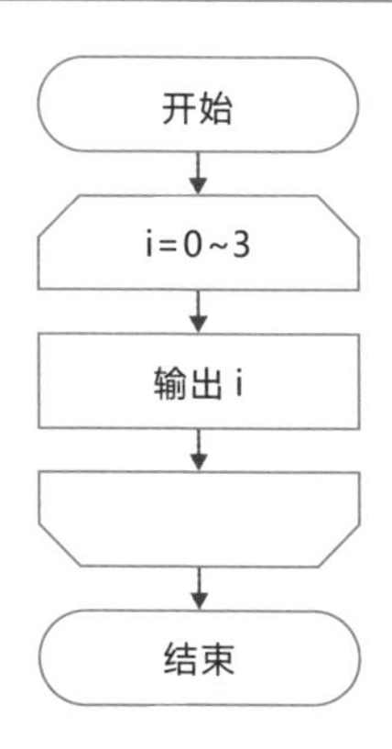

> | loop1.py

```
for i in range(4):
    print(i)
```

> | 执行结果

```
C:\>python loop1.py
0
1
2
3
```

（a）loop1.py

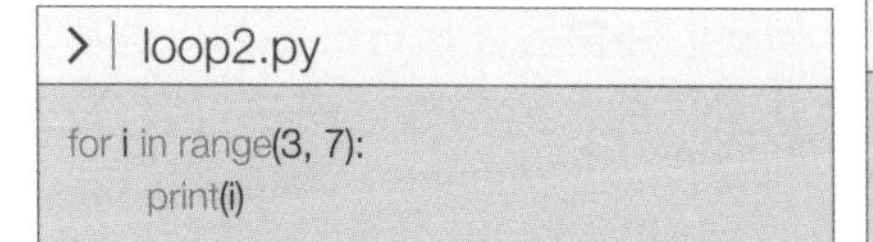

> | loop2.py

```
for i in range(3, 7):
    print(i)
```

> | 执行结果

```
C:\>python loop2.py
3
4
5
6
```

（b）loop2.py

> | loop3.py

```
for i in range(3):
    for j in range(3):
        print([i, j])
```

> | 执行结果

```
C:\>python loop3.py
[0, 0]
[0, 1]
...（略）
[2, 2]
```

（c）loop3.py

图4-6　指定条件的循环

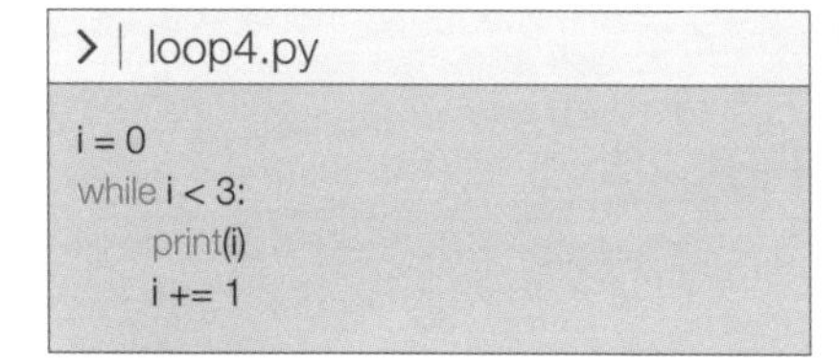

> | loop4.py

```
i = 0
while i < 3:
    print(i)
    i += 1
```

> | 执行结果

```
C:\>python loop4.py
0
1
2
```

知识点

- 指定次数循环和依次处理列表时，需要使用for语句。
- 只有当符合条件才反复执行处理时，可以使用while语句。

集中执行一系列的处理

函数与步骤

需要多次执行相同的处理时，除了通过编写相同的代码循环执行多次来实现外，也可以把处理集中起来对它进行定义。像这样对一系列处理进行定义的做法被称为**函数**、**步骤**、**子程序**等，如图4-7所示。

对函数进行定义后，只需要调用该函数即可执行处理。**当我们需要对处理内容进行修正时，只需要修改负责实现处理的函数的内容即可**。

虽然具体的形式因编程语言而异，但我们通常会在执行一系列处理后，将“接收结果”的作为函数、“不接收结果”的作为步骤这样进行区分和使用。

参数与返回值

我们将传递给函数或步骤的Parameter称为**参数**。参数分为“形参”和“实参”两类。形参是**用于对函数进行声明的参数**，而实参是**调用函数时传递给函数的参数**。

如图4-8所示，width和height是形参，而3和4、2和5、4和7则是实参。

相反的，我们将**从函数返回到调用者的返回值**称为**返回值**。我们可以创建只输出到画面中的函数、将多个处理集中处理时不返回值的函数（步骤），以及不包含参数的函数。

在Python中定义函数时，可以使用下列语法：

```
def 函数名(参数):
    执行的处理
    …
    执行的处理
    return 返回值
```

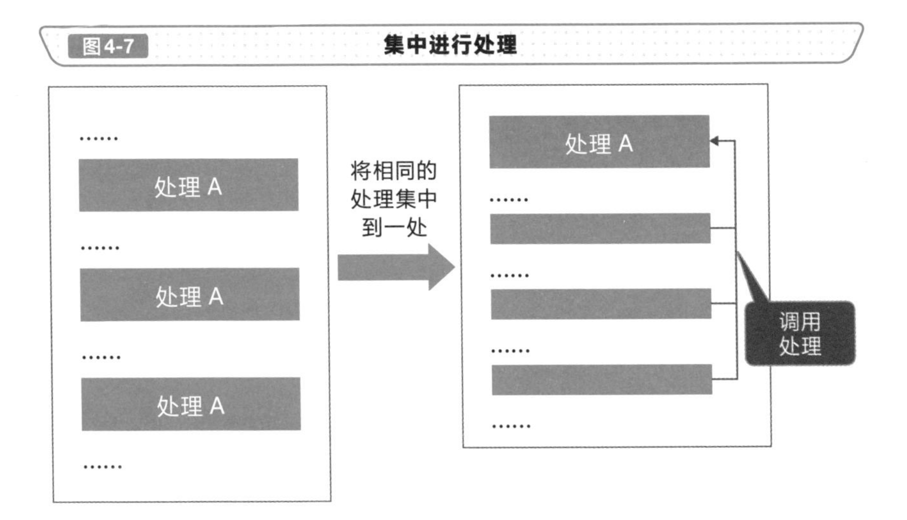

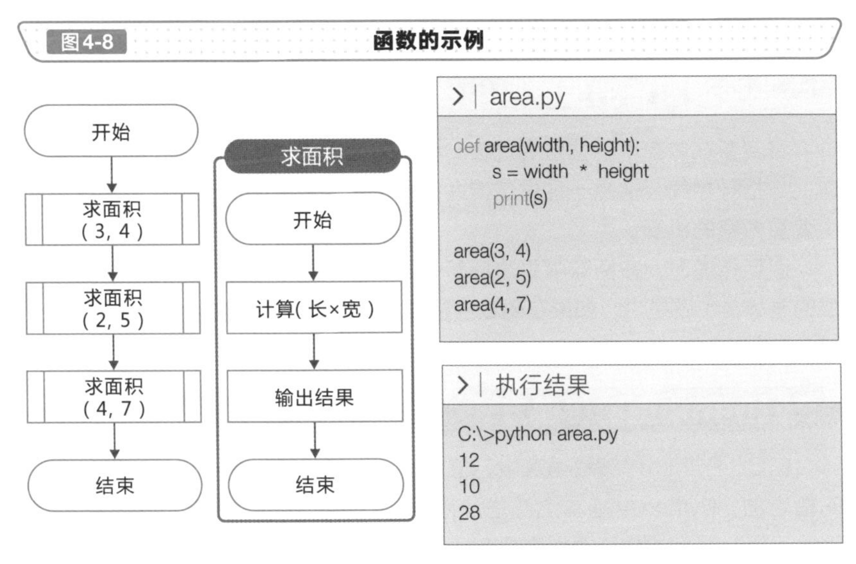

知识点

- 通过对函数和步骤进行定义，并对其进行调用，就可以在改变参数的同时反复执行相同的处理。
- 我们将传递给函数和步骤的Parameter称为参数；相反的，把从函数返回到调用者的返回值称为返回值。

向函数中传递参数

不会对调用者产生影响的值传递

函数被调用时，除了对实参之外，对形参也会分配变量的内存空间。不过这一空间位置并不是固定的，而是在函数被调用时分配，函数执行结束后被释放。

我们将复制实参的值传递给函数的形参的方法称为值传递。由于只是"复制"，因此**即使更改函数中形参的值，调用者的实参值也不会被修改**，如图4-9所示。

会改变调用者的值的引用传递

将实参在内存中的位置（地址）传递给函数的形参的做法被称为引用传递。与指针相同，这是一种通过传递内存中所分配的空间位置来读写该位置中变量内容的机制。

引用传递时，在函数中更改形参的值，是指更改形参所指向的位置上的值的意思。也就是说，**如果在函数中更改值，则调用者的实参值也会被更改**。

Python中值的传递方式

在C、Python等编程语言中，值传递和引用传递都是由开发者通过源代码指定的，Python中基本上都是使用引用传递。这种情况下，根据参数类型的不同，程序的执行动作也会有所不同，如图4-10所示。

例如，数值和字符串在创建之后是无法对值进行修改的。这种数据类型被称为不可变类型。在不可变类型的场合，**即使是引用传递，也会执行像值传递一样的操作**。

但像列表和字典，在创建之后是可以对其中的值进行修改的。这种数据类型被称为可变类型，其执行的是引用传递的操作。

因此，我们在编写Python代码时，需要注意参数的数据类型。

图4-9 值传递与引用传递的区别

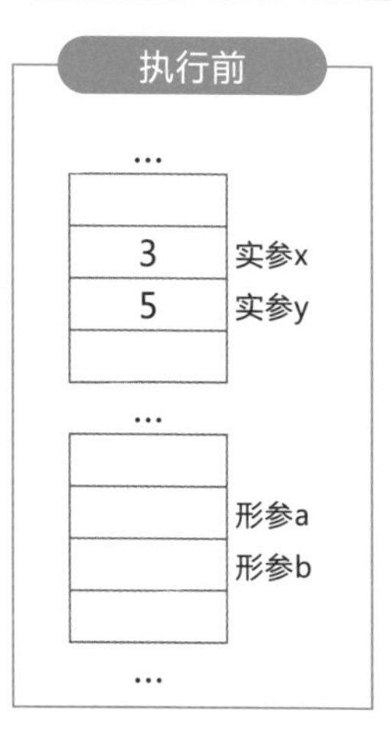

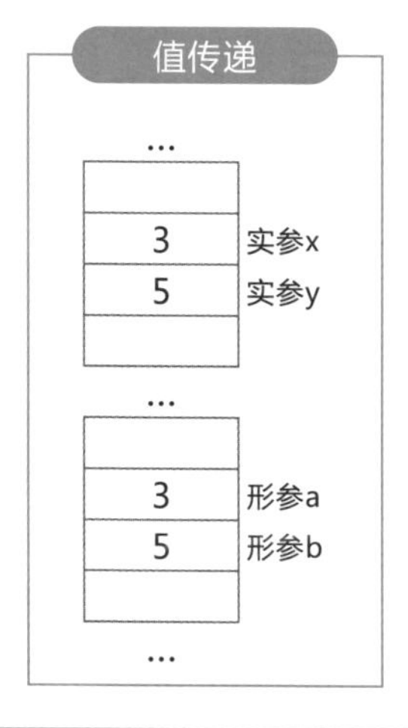

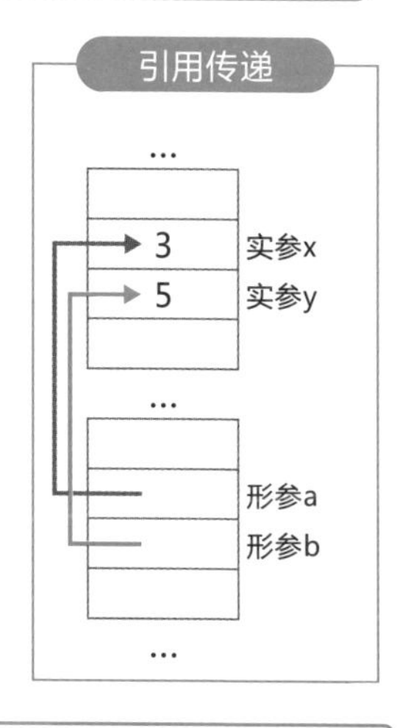

图4-10 Python中处理结果的不同

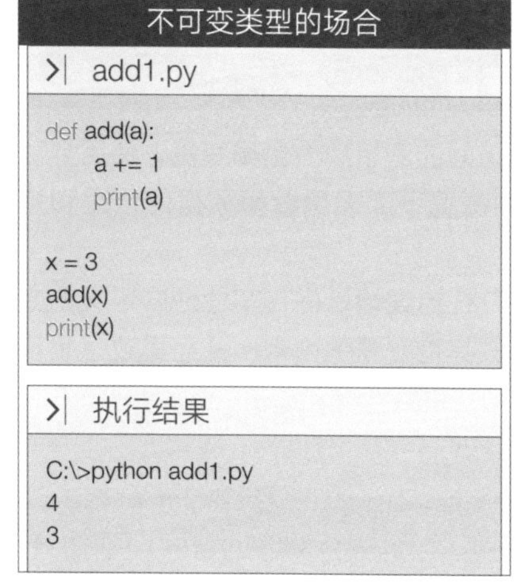

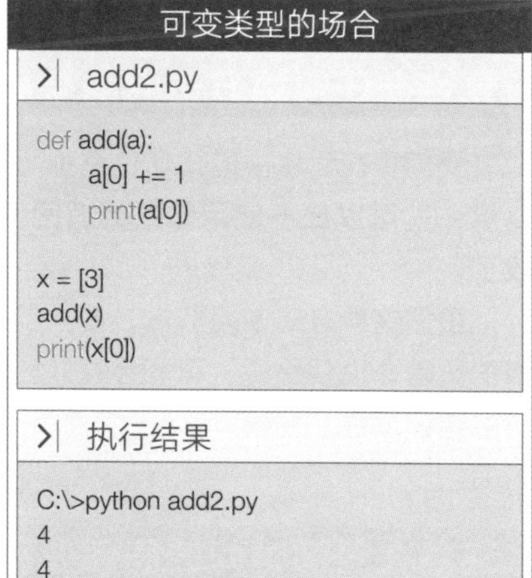

在值传递中，即使修改函数中形参的值，实参的值也不会发生变化，但是在引用传递中修改了形参的值，则实参的值也会随着一起被更改。

决定变量的有效范围

防止变量被覆盖的作用域

虽然从程序中的任何位置都可以读取和写入变量是很方便的，但是这样也有让人困扰的时候。如果在大型程序中使用了相同名称的变量，那么就有可能在无意之中将其他位置的内容覆盖掉。如果是一个人开发的程序，只要能注意到并及时修改就没问题，但如果是大规模的项目，有多个开发者参与时，要对所有的源代码进行确认就会变成一件非常烦琐的事情。

因此，变量的有效范围是有明确约定的，我们称之为**作用域**，如图4-11所示。虽然在不同的编程语言中，变量的有效范围会有所不同，但绝大多数编程语言都是支持下列两种作用域的。

允许在任何地方访问的全局变量

我们将在程序中的任何位置都可以访问的变量称为**全局变量**。使用全局变量，就**可以在不使用参数或返回值的情况下实现函数和数据的传递和接收了**。

虽然这种方式使用非常方便，但是存在错误地访问在其他地方定义的变量的风险。也就是说，可能会意外地修改其他变量的内容，从而导致意想不到的错误发生。

只能在局部访问的局部变量

函数中，只能在局部访问的变量称为**局部变量**。使用局部变量，**即便使用了与其他函数中同名的变量，也不会对程序的运行有影响**。因此，在编写代码时，**尽量缩小变量的作用域**是非常重要的。建议大家尽可能地避免使用全局变量，尽量使用局部变量（见图4-12）。

此外，如果在Python的函数中使用与全局变量同名的变量，则这个变量会变成局部变量，因此我们在使用变量前需要预先对其进行定义。

图4-11 变量的作用域

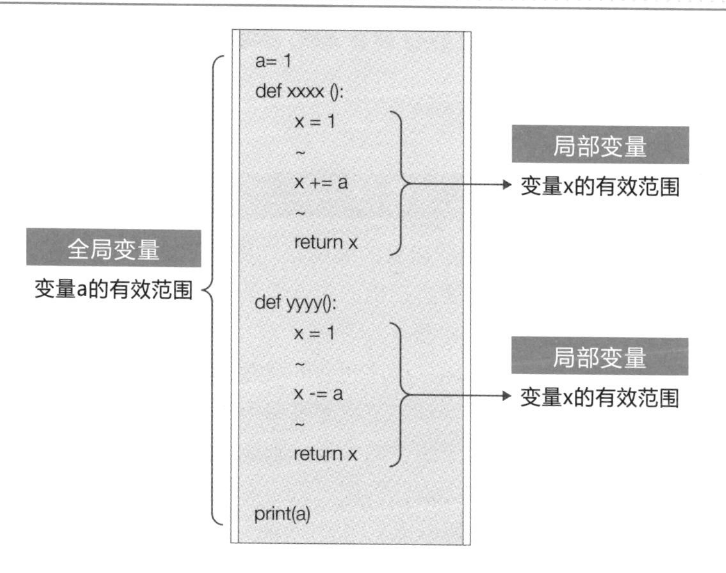

图4-12 作用域不同导致执行结果不同

scope1.py

```
x = 10
def reset():
    x = 30
    a = 20
    print(x)    // 输出30
    print(a)    // 输出20

reset()
print(x)        // 输出10
print(a)        // 错误
```

scope2.py

```
x = 10
def reset():
    global x
    x = 30
    print(x)    // 输出30

reset()
print(x)        // 输出30
```

知识点

使用全局变量，存在意外改变其他变量内容的风险，因此开发者的编写程序时应尽可能地使用局部变量。

修改参数的同时反复执行相同的处理

在函数中调用函数实现递归

我们将在函数中调用函数自身的编程方式称为**递归**（递归调用）。递归的例子很常见，例如，将摄像机拍摄的内容显示到电视机上，就可以无限循环地重复显示电视的图像，如图4-13所示。

如果只是单纯地进行调用，程序就会无限循环地执行处理，因此通常需要**指定结束执行的条件**。在函数内进行递归调用时，关键在于使用小于原始参数的值。也就是说，相当于将大的处理分割成小的处理来执行。

在此将斐波那契数列作为递归的例子进行说明。斐波那契数列是将前面的两项相加而得到的数列，可以像1，1，2，3，5，8，13，21，34，55……这样无限地延续。

也就是说，像1 + 1 = 2、1 + 2 = 3、2 + 3 = 5、3 + 5 = 8、5 + 8 = 13、8 + 13 = 21这样，只要确定了开始的两项，就可以按照顺序求出后面的项。要求取第n项时，只需要计算前面两项的和就可得到结果。通过图4-14所示的程序可以实现这一计算。

从图中的函数可以看到，在名为fibonacci的函数中调用了名为fibonacci的函数。这就是递归。

使用循环实现与递归相同的效果

由于递归会对同一个函数反复进行调用，如果它的**调用层次太深，则可能会导致堆栈溢出**。因此，有时候我们需要避免使用递归，而改用其他方法。

例如，可以将递归转换为普通的循环处理。如果是上述斐波那契数列的场合，就可以像图4-15中那样将其转换为循环。也就是将列表的元素从头开始依次替换的同时还要进行处理，处理完毕就可以输出列表中最后的元素。

此外，也存在将递归转换为不需要消耗堆栈的**尾递归**形式的方法。

图4-13 递归的示意图

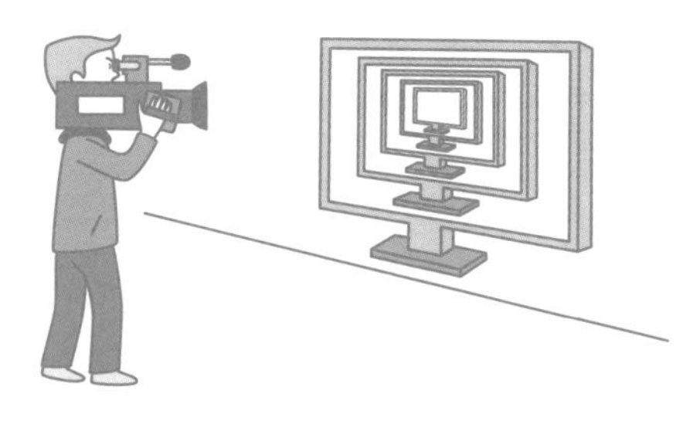

图4-14 计算斐波那契数列的程序（递归）

> fibonacci_recursive.py

```
def fibonacci(n):
    if (n == 0) or (n == 1):
        return 1
    return fibonacci(n-1) + fibonacci(n-2)

n = 10
print(fibonacci(n))
```

图4-15 计算斐波那契数列的程序（循环）

> fibonacci_loop.py

```
n = 11
fibonacci = [0] * n
fibonacci[0] = 1
fibonacci[1] = 1
for i in range(2, n):
    fibonacci[i] = fibonacci[i-1] + fibonacci[i-2]

print(fibonacci[-1])
```

知识点

- 在函数中调用函数自身的编程方式被称为递归。虽然递归可以简化实现代码，但是也需要注意堆栈溢出的问题。
- 将递归转换为循环，就可以避免调用层次太深的问题。

应对预料之外的问题

防止意外问题的异常处理

源代码中如果存在语法错误，将导致程序无法正常运行，这是理所当然的事情。不过，也会存在传递给程序的数据超出预计而导致程序无法正确处理的情况。我们将这类在系统的设计阶段没有预料到的，而在执行时会发生的问题称为**异常**，如图4-16所示。

异常包括“接收了意外的输入”“硬件发生了故障”“指定的文件和数据库不存在”“执行了无法处理的计算”等多种不同形式的异常。

发生异常，可能会出现**系统停止或者丢失处理中的数据**等问题，因此需要避免发生异常，或者将发生异常时产生的影响降低到最小程度。

有些编程语言提供了对异常处理的支持，当函数接收到意外的调用目标的输入时，**不会将处理结果返回给调用者，而是会抛出异常**。通过调用者提供处理异常的实现代码等方法，即使发生异常也可以顺利处理的做法被称为**异常处理**，如图4-17所示。

而那些不支持异常处理的编程语言，采用的是通过函数的返回值来进行分别处理的方法。但由于存在即使发生问题也可以继续处理，以及确认返回值的过程非常复杂等问题，因此大多数较新的编程语言都会提供对异常处理的支持。

初学者容易忽视的除零运算

由整数除以0而引发的异常被称为**除零运算**。这是经验尚浅的程序员容易忽视的一种异常，当分母不为0时可以顺利执行处理，但是当分母中可能存在0时，就需要对代码进行设计以确保其不会执行除零运算。

图4-16 异常的示例

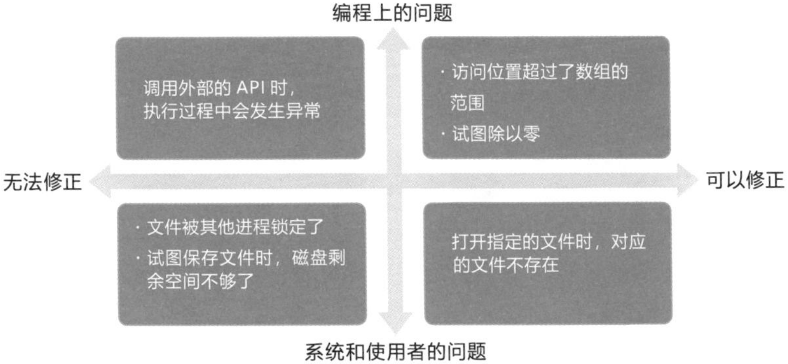

编程上的问题

	无法修正	可以修正
编程上的问题	调用外部的 API 时，执行过程中会发生异常	· 访问位置超过了数组的范围 · 试图除以零
系统和使用者的问题	· 文件被其他进程锁定了 · 试图保存文件时，磁盘剩余空间不够了	打开指定的文件时，对应的文件不存在

系统和使用者的问题

图4-17 Python中的异常处理

> | zero_div.py

```
x = int(input('x = '))
y = int(input('y = '))

try:
    print(x // y)                  // 可能发生异常的处理
except ZeroDivisionError:
    print(' 无法除以零 ')           // 发生异常时所执行的处理

print(' 这行代码必然会被执行 ')
```

> | 执行结果1

```
C:\>python zero_div.py
x = 6
y = 2          // y 中指定除0 之外的值
3
这行代码必然会被执行
```

> | 执行结果2

```
C:\>python zero_div.py
x = 6
y = 0                  // y 中指定0
无法除以零
这行代码必然会被执行
```

知识点

- 程序在接收了预料之外的输入时发生的问题被称为异常。
- 当发生异常时，为了防止程序异常终止，我们需要提供异常处理的实现代码。

» 使用迭代处理

数组的迭代

通常情况下，依次对数组的元素进行处理时，会使用for语句。此时，程序会根据元素的个数来执行相应的循环处理，通过改变元素的索引（位置）来对各个元素进行访问。

但是，实际上此时程序员的本意并不是要改变索引，而是想要依次访问数组中的元素。如果是链表等数据结构，就需要遍历元素来进行访问。然而，我们原本的目的并不是对元素的数量进行统计并求取目标元素，而是要访问目标元素。

针对这类操作的本质，对元素的访问进行抽象化处理的方法就是迭代器，如图4-18所示。使用迭代器的话，如果是支持从开头的元素开始依次进行访问的数据结构，那么**无论是什么样的数据结构，都可以使用相同的方式编写代码**。

在Python中，指定列表作为for语句的循环条件，就可以依次访问列表中的元素，如图4-19所示。如果是列表内容的遍历，或者列表的内容已经代入变量中，还可以指定该变量名。

```
for变量in列表:
    要循环的处理
```

使用集合处理函数

使用迭代器的话，无论是列表还是链表或者是自定义的类，只要是可以依次遍历的数据结构，**只需要将其作为参数传递就可以用相同的方式编写代码**。这不仅仅适用于循环，即使是计算合计值和最大值的函数，只要是可以依次提取的数值类型的数据，就可以按照同样的方式使用。

例如，在Python中计算合计值的sum函数和计算最大值的max函数，可以将迭代器作为参数使用，因此也可以对自定义的类进行处理。

图4-18 迭代器的示意图

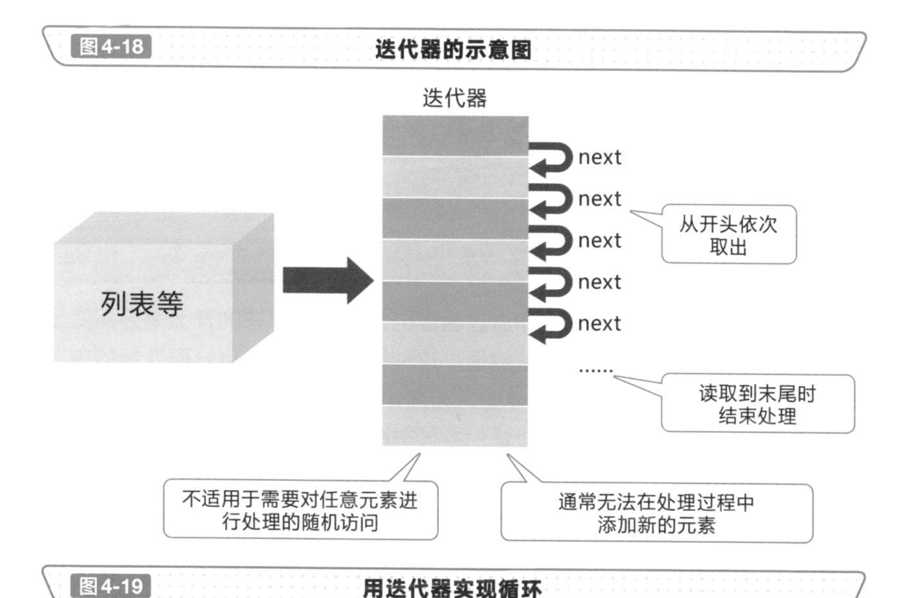

图4-19 用迭代器实现循环

遍历列表内容的场合

loop_list1.py

```
for i in [4, 1, 5, 3]:
    print(i)
```

执行结果

```
C:\>python loop_list1.py
4
1
5
3
```

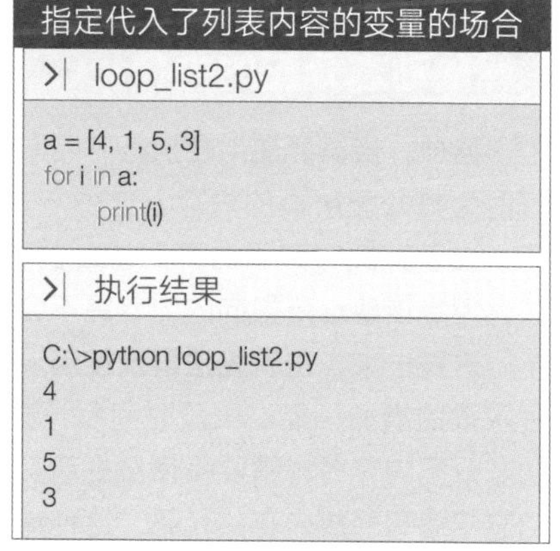

知识点

- 如果使用迭代器，无论是哪种数据结构，都可以用相同的代码实现从列表开头依次进行访问的处理。
- 在Python中，sum和max等处理集合的函数可以将迭代器作为参数使用。

释放无用的内存

静态分配内存的场合

接下来思考这样的情况，即通过函数的参数和代码块的开头来分配变量的内存，并代入符合该变量类型的值。这种根据规定的大小分配变量的内存空间的做法被称为内存的静态分配，如图4-20所示。如果是为局部变量静态分配内存，那么当该函数的变量的有效范围结束时，不仅保存在该变量中的值会消失，而且该变量的内存空间也会被释放。

这样一来，为该变量**分配的内存就可以继续被其他的变量所使用**。这种情况下，开发者就不需要编写释放内存的处理代码，因此也不需要在意变量内存的释放问题。

释放动态分配的内存

另外，当需要使用在执行时元素数量会发生变化的数组时，就需要在执行时为其分配所需的内存。这种方式被称为内存的动态分配，如图4-21所示。由于开发时只是对开头地址的内存进行声明，因此这里的内存会被释放，但是该地址所指向的内容是不会被自动释放的。

这样一来，也就**无法再次使用没有被释放的内存**。随着内存动态分配处理次数的增加，经过一段时间后，计算机就会陷入内存不足的境地。因此，动态分配内存时，需要程序员主动实现内存的释放处理。但是很多人都会经常忘记编写释放内存的代码，这种情况被称为**内存泄露**。

为了避免这一情况的发生，最近的编程语言大都提供了不需要开发者编写释放内存的处理代码，也就是被称为**垃圾回收**的自动释放内存的功能。

虽然具体的实现方法在不同的编程语言和编译系统中有所不同，但是其功能都是自动找出程序中**没有被任何地方所引用的内存空间并强制性地将该空间释放**。

图4-20 静态分配内存

源代码

memory1.c

```c
#include <stdio.h>

int func(x, y){ ←通过参数分配
    int sum = x + y; ←在开头分配
    return sum;
}

int main(){
    printf("%d", func(3, 5));
}
```

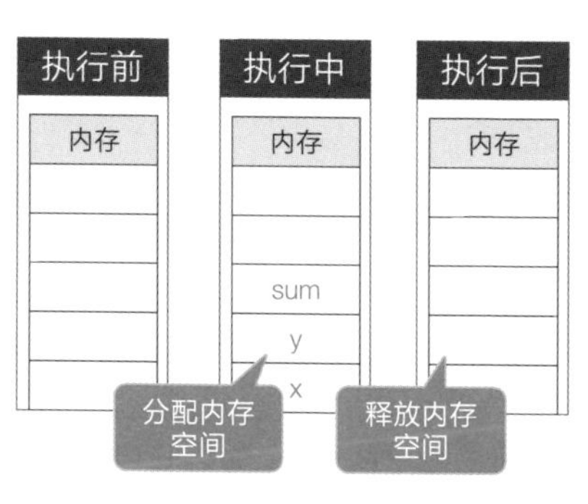

图4-21 动态分配内存

源代码

memory2.c

```c
#include <stdio.h>

int func(n){
    char * str; ←这是个指针
    str = (char * )malloc(n);
    return n;
}

int main(){
    printf("%d", func(3));
}
```

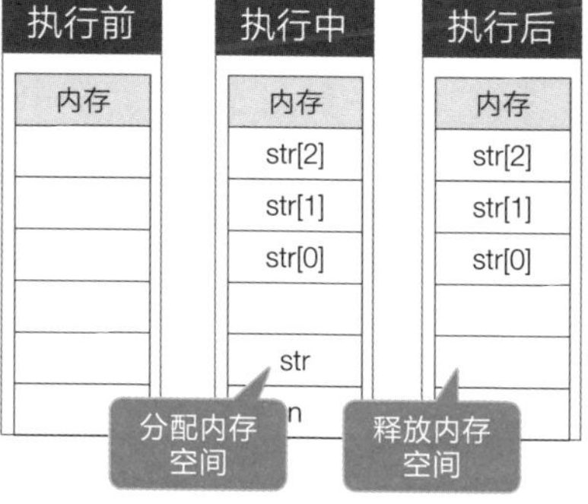

知识点

- 通过函数的开头静态分配的内存空间，在该函数处理结束时会自动地被释放。
- 动态分配的内存空间，由于不会自动地被释放，因此需要手动进行释放，但是最近的编程语言可以通过垃圾回收机制自动地释放内存。

学习基本的排序

数据排序

像通信录、电话簿、字典等我们身边日常可见的很多东西，都是按字母顺序来排列的。在计算机中查找文件时，根据文件名和文件夹名排序的情况也不少见。

除了物品的名称之外，日常工作中经常会出现的金额、日期，以及游戏中的纸牌数字等，都是根据各种不同的基准来对数据进行排序的。这类排列方法被称为**排序**。

在这里将思考在程序中实现排序的场景，将数值数据保存到数组中，并按照升序对这一组数据进行排序。

查找最小值并移动到开头的排序

从数组中**选择最小的元素，并反复地与位于前面的元素进行替换来排序的方法**被称为**选择排序**，如图4-22所示。

首先从整个数组中查找最小的值，并将找到的最小元素的位置与开头元素的位置进行交换。然后，再从数组中第二个元素和后面的元素中查找最小值，并将找到的最小元素位置与数组的第二个元素进行交换。重复这一过程直到最后的元素，排序才会结束。

不断增加已排序部分的插入排序

假设数组中一部分元素已经完成排序，不改变这一部分的顺序，并**从开头开始寻找可插入的位置，同时在合适的位置上添加数据的方法**被称为**插入排序**，如图4-23所示。这是一种假设数组的开头部分已经完成排序，并将剩余元素插入到合适位置的方法。

由于已经完成排序的部分不需要进行位置交换，因此执行向已经排序好的数组中添加元素的插入排序，可以非常快速地完成处理。

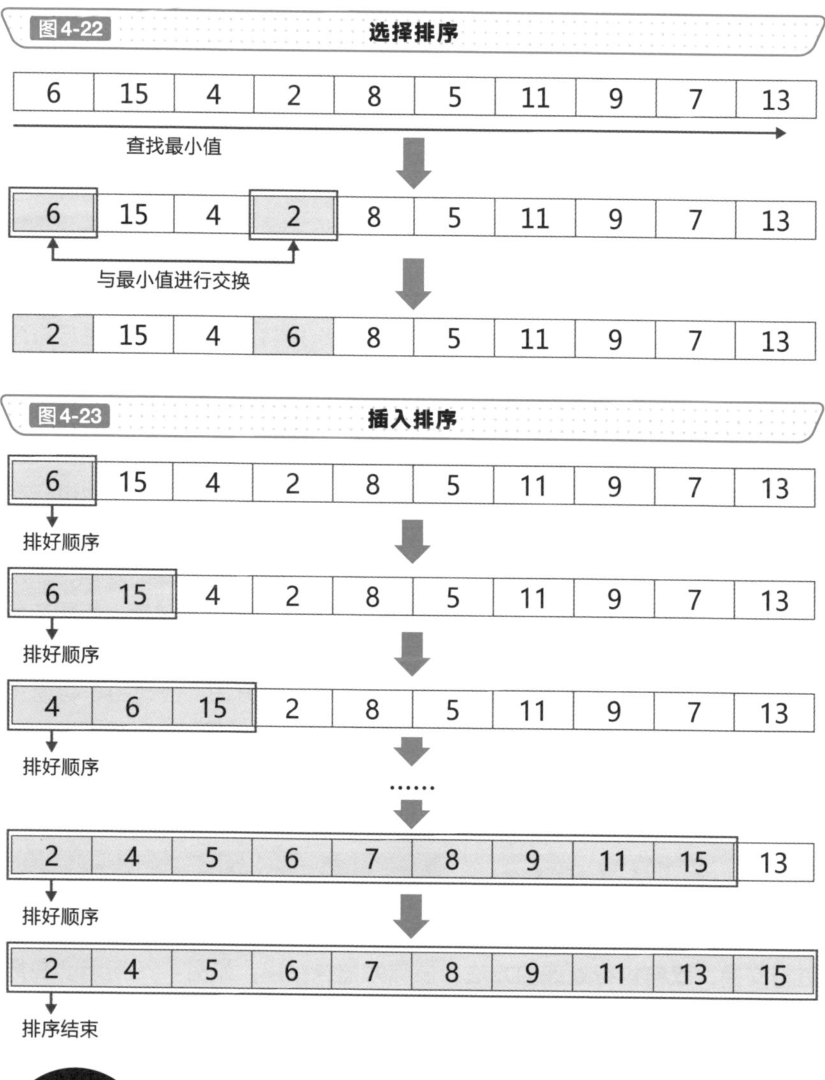

知识点

- 按照顺序对数据进行排列被称为排序，容易实现的算法包括选择排序和插入排序。
- 插入排序对已经排序好的数组可以实现快速处理。

了解容易实现的排序方法

反复对相邻元素进行交换的冒泡排序

对数组中**相邻的数据进行比较，如果大小不同，则反复地进行交换的排列方法**被称为**冒泡排序**，如图4-24所示。这是指将数据在纵向上进行排序时数据移动的样子比喻成水中冒泡的样子。由于是反复进行交换，因此有时也称之为交换排序。

从开头到结尾进行交换，就表示第一次的交换已经结束，第二次的交换是针对除最右的元素之外的元素重复相同的处理。通过这样反复地进行交换，就可以实现对所有的元素进行排序。

虽然如果输入的数据在事先已经排序过，就不会产生交换的处理，但是比较处理是必须要执行的，因此**无论接收的数据是否已经排过序，所需花费的时间几乎都是相同的**。与其他方法相比，冒泡排序处理速度较慢。

从实用性的角度来看，这是一种不怎么常用的方法，但是由于容易实现，因此经常会被作为排序的例子进行介绍。此外，如果加入对没有发生交换就结束处理的判断，多少也可以改善处理速度慢的问题。

实现双向冒泡的摇床排序

在冒泡排序中，只是从一个方向对数据进行交换，而**与相反方向交替地进行交换，双向执行处理的方法**则被称为**摇床排序**，如图4-25所示。在摇床排序中，首先是在正向上进行交换，将最大值移动到末尾，再在反方向进行交换，将最小值移动到开头。

因此，冒泡排序是从后依次向前缩小范围，而摇床排序则不仅会缩小后方的查找范围，也会同时缩小前方的查找范围。没有进行交换就表示该部分已经完成排序，因此如果是排过序的数据，就可以缩小查找范围，**可以实现比冒泡排序更加高速的处理**。

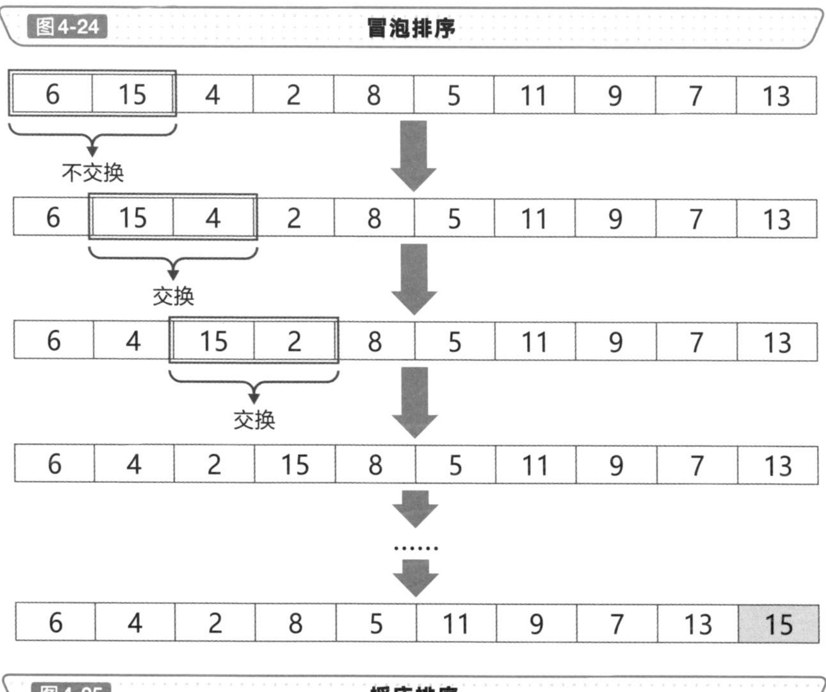

图4-25 摇床排序

6 15 4 2 8 5 11 9 7 13

第一遍将最大值右移

6 4 2 8 5 11 9 7 13 15

第二遍将最小值左移

2 6 4 8 5 11 9 7 13 15

第三遍将剩余的最大值右移

……

反复执行处理直至完成排序

知识点

- 反复交换相邻的数据进行排序的方法被称为冒泡排序。虽然处理较慢，但是由于易于实现，因此经常被当作示例进行介绍。
- 冒泡排序的改进版本——摇床排序作为通过缩小查找范围来实现较为快速的处理的算法而被人知晓。

排序的高速化实现

可以处理任意数据的合并排序

需要排序的数据**处于非常散乱的状态，将这些数据反复整合（合并）进行排列的方法**被称为**合并排序**。在合并排序中，在整合时，其内部是按照从小到大的顺序排列的，因此当所有的数据都被合并到一起时，就表示已经对所有的数据按照顺序进行了排序，这是它的特点，如图4-26所示。

如果是数组，由于所有的数据都是散乱的，不需要进行分割处理，因此在合并时只需要反复排序就可以完成排序处理。

将两个数据整合时，只需要将各自的数据从开头按照顺序进行处理即可，因此不仅是数组，磁带等设备①也可以通过相同的方式实现是这种算法的优点。此外，**任何数据都可以稳定且高速地处理**。

但是，由于这种方式需要分配内存来保存合并的结果，因此会消耗内存空间。

对选择判断标准有要求的快速排序

针对包含数据的数组，**反复地将大于和小于基准值的元素进行区分排列的方法**被称为**快速排序**。这是一种将值分割为无法再细分的大小，并进行排列和归并的方法，如图4-27所示。

作为分割基准的元素的选择是非常重要的，如果选择了合适的值就可以实现非常高速的处理。另外，如果选择了其中最小或最大的元素作为基准值，处理速度就会变得与选择排序一样。

因此，可以选择使用开头或末尾的元素，或者选择3个元素取其平均值作为基准的元素。通常情况下，这种排序方式可以实现比其他排序算法更为高速的处理。

---

① 磁带设备：像盒式磁带那样在磁带中记录数据的设备。虽然不能随机进行访问，但是如果是从头开始依次进行访问，则可以实现高速处理。

图4-26 合并排序

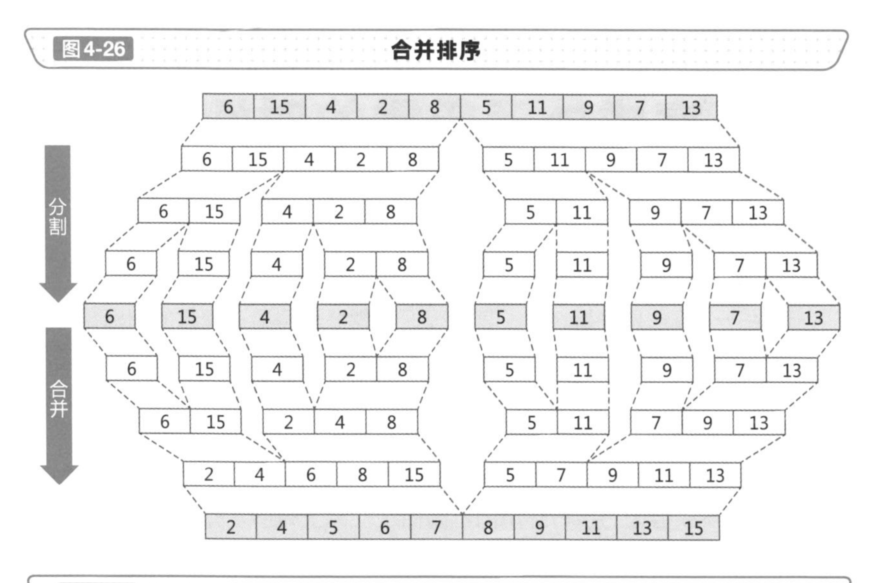

图4-27 快速排序

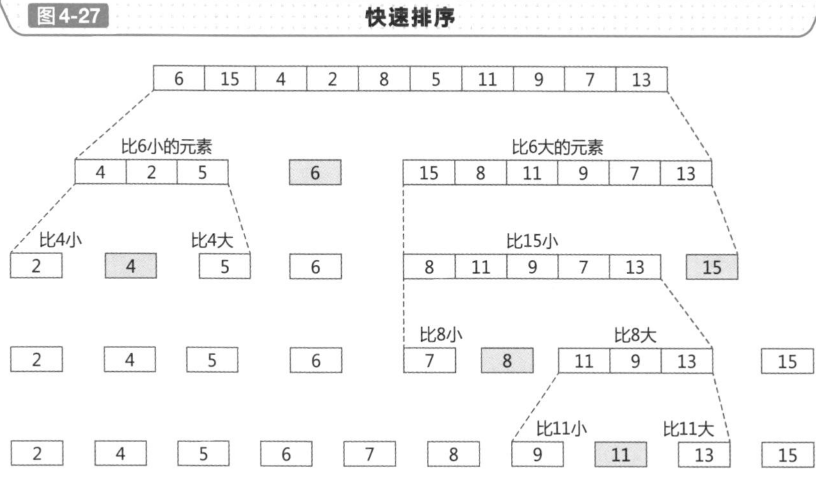

知识点

- 使用合并排序和快速排序，虽然实现较为复杂，但是可以对数据进行高速的排序处理。
- 快速排序会由于选择的基准值的不同而极大地改变排序处理的性能。

» 估算完成处理所需的时间

无论什么环境都能评估性能的时间复杂度

评估一个算法是好是坏时，其处理速度就是一个易于理解的指标。当我们需要了解处理速度时，马上就会想到实际地编写代码，并测算处理时间的方法。但是，如果不实际地编写代码就不知道处理时间的话，就意味着我们无法在设计阶段就对合适的算法作出选择。

此外，由于系统搭载的CPU的种类、频率、操作系统的种类和版本等因素，程序不仅会因为执行环境的不同而在性能上有所差异，而且使用的编程语言不同，处理时间也会有所不同。

因此，我们可以使用不依赖于环境和语言的、用于评估算法性能的指标，也就是**时间复杂度**。要确认处理时间，经常会使用的是针对输入的数据量**对执行的命令数量会以什么程度增加进行比较的方法**，如图4-28所示。

根据接收数据的不同，时间复杂度有可能会产生大幅度的变化，因此通常考虑的是最耗费时间的数据的时间复杂度，称之为最差时间复杂度。

表示时间复杂度变化的大O表示法

当使用$3n^2+2n+1$这样的数学公式表示时间复杂度时，就可以省略掉对整体没有太大影响的项（$2n+1$）和系数(3)。**当数据量增加时，经常会使用表示时间复杂度大致变化的大O表示法**。大O表示法是使用“O”符号，像$O(n)$、$O(n^2)$、$O(\log n)$这样表示，见表4-2。

如果使用大O表示法，当遇到复杂度分别为$O(n)$和$O(n^2)$的两个算法时，我们马上就可以判断出$O(n)$的算法可以以更少的时间复杂度实现处理（处理时间短）。此外，当输入的数据量n发生变化时，我们也可以很简单地估算出计算时间会发生多大程度的变化。

图 4-28 时间复杂度的比较

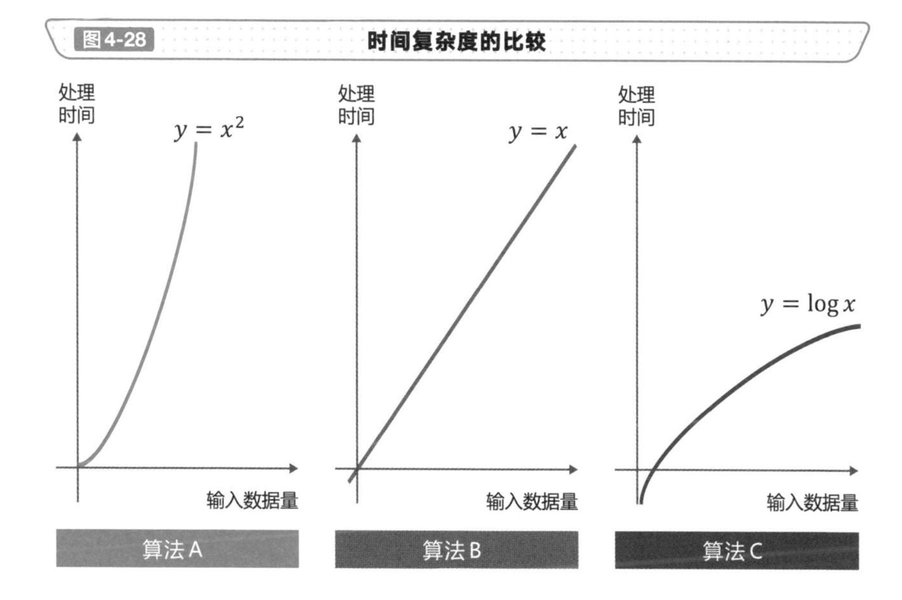

表 4-2 大 O 表示法的比较

处理时间	大 O 表示法	例　子
短	$O(1)$	访问数组等
↑	$O(\log n)$	二分查找等
	$O(n)$	线性查找等
	$O(n \log n)$	合并排序等
	$O(n^2)$	选择排序、插入排序等
↓	$O(2^n)$	背包问题等
长	$O(n!)$	旅行推销员问题等

知识点

- 时间复杂度是用于评估算法性能的指标，通常是按最差时间复杂度计算。
- 时间复杂度可以使用大 O 表示法，对整体时间复杂度没有太大影响的项和系数可以省略。

从数组和列表中查找需要的值

从开头挨个查找的线性查找

当要从保存在数组中的数据中查找特定的元素时，如果从数组的开头依次找到末尾，就肯定能够找到想要的数据。即使是没有保存在数组中的数据，查找到最后也能得到数据“不存在”的最终结论。

像这样**从头开始依次查找的方法**被称为**线性查找**，图4-29所示为线性查找的示意图及编程示例。程序的结构非常简单，也非常易于实现。当数据较少时，这是一种非常有效的方法。

在基准数据前后查找的二分查找

不过当数据量增加时，使用线性查找就需要花费很长的时间。此时就可以像在字典和电话簿中查找那样，打开某一页之后再判断需要查找的数据是在前面还是在后面。这种**判断要查找的数据是位于该数据的前面或后面的方法**被称为**二分查找**，如图4-30所示。

比较一次之后，查找范围就会减少一半。即使数组中包含的数据有两倍的数量，需要比较的次数也只是增加一次而已。例如，即使有1000份的数据，比较一次之后就是500份，再比较一次之后就是250份，这样反复进行比较，只需要10次就会变成1份。哪怕数据有2000份，也只需要比较11次就可以找到想找的数据。

如果是线性查找，1000份数据就需要比较1000次，2000份数据则需要比较2000次，这可是天差地别的不同。而且这种差距会随着数据份数的增加而变大。

此外，使用二分查找时，数据必须是按照字母顺序排列的。不过，如果数据量较少，在处理速度上两者并不会有太大的差别，因此使用线性查找的情况也不在少数。

综上所述，我们需要在确认了**处理数据的量和数据的更新频度**等因素之后，再决定具体使用的查找算法。

图4-29 线性查找示意图及编程示例

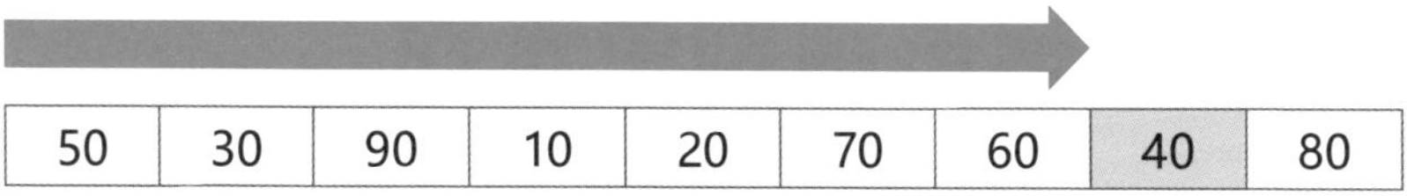

50	30	90	10	20	70	60	40	80

linear_search.py

```
def linear_search(data, value):
    # 从头开始按顺序循环查找
    for i in range(len(data)):
        if data[i] == value:
            # 找到目标值时返回该位置
            return i

    # 没有找到目标值时返回-1
    return -1

data = [50, 30, 90, 10, 20, 70, 60, 40, 80]
print(linear_search(data, 40))
```

图4-30 二分查找

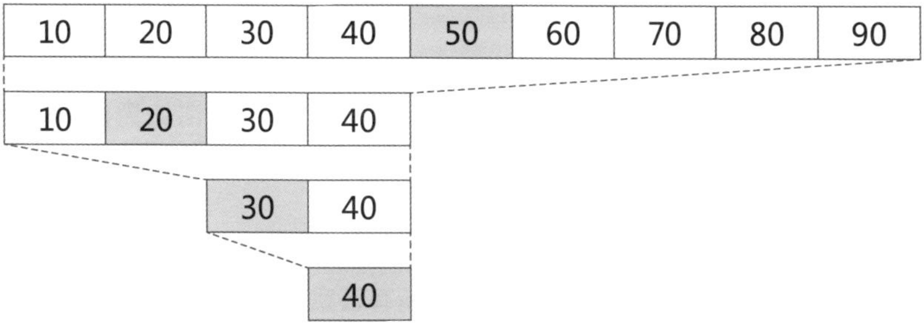

10	20	30	40	50	60	70	80	90

10	20	30	40

30	40

40

知识点

- 当数据量较少时，使用线性查找可以更简单地实现。
- 当数据量较多时，在先对数据进行排序后再使用二分查找算法可以更快地实现查找。

在遍历树形结构中查找

将数据分层保存的树形结构

需要查找的数据不仅只存在于数组中。例如，查找计算机的文件夹中包含的文件以及查找保存在层次结构中的数据。

正如之前在3-17节中所讲解的，像文件夹那样的层次结构的数据结构，一般称为树形结构。这种数据结构因看上去像一棵倒着延伸枝条的树而得名。

深度优先查找与广度优先查找

在对树形结构的数据进行查找时，**将靠近开始搜索位置的数据列成清单，并分别对这些数据进行更细致的查找的方法**被称为**广度优先查找**。就像我们阅读书籍时会先看目录把握整体，再阅读每章的概要，最后再阅读其中的内容那样，逐渐加深查找的层次。

另外，顺着树形结构的一个方向不断查找，直到无法前进再返回的方法被称为**深度优先查找**（Back Track），如图4-31所示。在诸如黑白棋、象棋、围棋等竞技游戏中，这是不可或缺的查找方法。此外，**需要查找所有模式的场合也会经常用到**这一方法。

如果使用广度优先查找，**当找到符合条件的数据时，就可以结束处理**，从而实现高速的处理。另外，当**需要找到所有答案时**，如果使用深度优先查找，只需要保持当前查找位置即可继续进行处理，因此比广度优先查找能更加节省内存使用量。

如果是竞技游戏的场合，为了缩小查找范围，可以使用只保留分数较高的数据的方法，或者使用优先搜索的**剪枝**方法，如图4-32所示。

图4-31　广度优先查找与深度优先查找

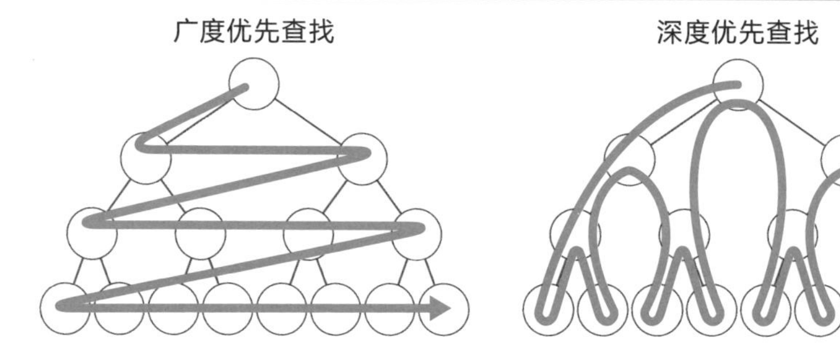

图4-32　竞技游戏中的剪枝

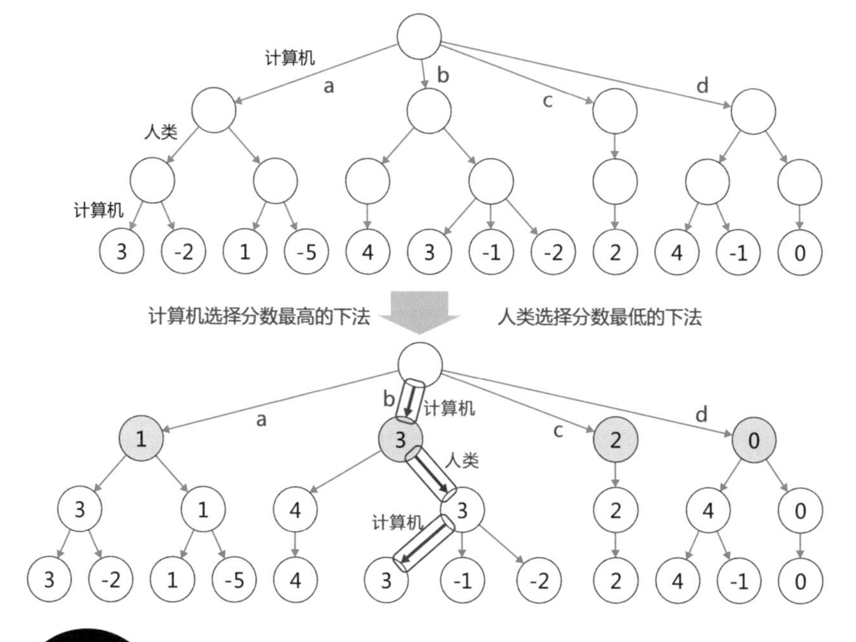

知识点

- 树形结构的查找方法包括广度优先查找和深度优先查找，用户应根据它们的特点进行区分使用。
- 在竞技游戏中利用剪枝缩小查找范围极为重要。

在字符串中查找其他字符串

从开头反复查找的蛮力法

我们经常需要从很长的文章中查找特定的字符串。例如，在网站浏览过程中查找关键字位于网页的哪个位置；做会议记录时，为了确认表述有无差异而查找是否存在相同的关键字等情形。这种情况下，很多人会使用Web浏览器和文档制作软件中配备的搜索功能。

要实现这类**字符串查找**，可以使用从前往后依次查找字符串的方法。如图4-33所示，首先比较第一个字符是否匹配。如果匹配，再增加一个字符继续进行比较。如果不匹配，就移动一个字符的位置，再从关键字中开头的字符开始进行比较……这样反复比较就可以找到目标关键字的所在位置。

如果最后没有找到关键字，我们就会知道并不存在这一关键字。由于是竭尽全力地从开头开始按顺序反复地进行查找，因此这种做法被称为**蛮力法**。虽然在效率上不怎么理想，但是从实用性来看这一方法已经足够。

直接跳过不匹配部分的BM算法（Boyer-Moore法）

如果使用蛮力法，当字符不匹配时，就需要移动一个字符，然后再从关键字的开头处重新开始查找。但是，如果文章中包含的关键字中不存在字符，这一部分的查找工作就会显得多余。

因此，我们就可以考虑不是一个个地移动字符，而是采用当遇到不匹配的字符时，加大移动范围的做法。不过，要实现这一做法需要事先计算可以移动多少个字符。也就是说，作为预处理，我们需要根据关键字中的字符计算可移动的字符数。

从查找的字符串中后面的字符开始进行比较，当不匹配时，就一次性移动事先计算好的字符数。这样一来，当出现了不匹配的字符时，就可以通过大幅跳读来提高搜索的速度。这种算法被称为**BM算法**（Boyer-Moore法），如图4-34所示。

图4-33 **蛮力法**

在SHOEISHA SESHOP中搜索字符串SHA的场合

图4-34 **BM算法**

在SHOEISHA SESHOP中搜索字符串SHA的场合

字符	S	H	其他
移动的字符数	2	1	3

预先计算好到被检索位置末尾之间的距离

※如果有搜索字符串中未出现的字符，
就设置成要搜索的字符串的长度

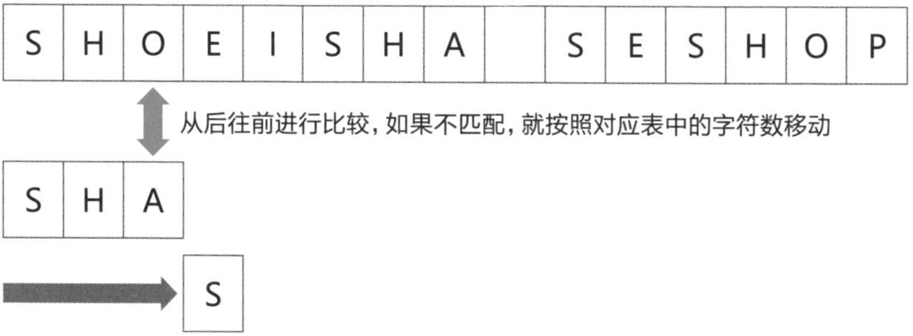

S H O E I S H A S E S H O P

从后往前进行比较，如果不匹配，就按照对应表中的字符数移动

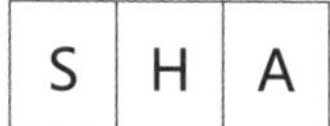

- 蛮力法是从开头位置开始依次查找字符串的一种方法。
- BM算法是为提高字符串查找效率而专门设计的算法。

开始实践吧

尝试编写一个简单的程序

书店中出售的书籍等，这类由出版社发行的出版物都附带有ISBN（国际标准书号）编号。ISBN可分为10位和13位两种编号，这里将对13位的ISBN进行思考。

例如，某书的ISBN是“ISBN 978-4-7981-6328-4”。其中，最后一位被称为“校验码”，专门用于确认输入有无错误。在本书的编号中，4就是校验码。

计算校验码的方法如下。

针对除校验码之外的数字，从左到右依次乘以1、3、1、3……，并计算它们的和。再用10减去这个和除以10的余数。但是，如果除以10之后的余数最后一位为0时，校验码就指定为0。

本书中：

$9\times1 + 7\times3 + 8\times1 + 4\times3 + 7\times1 + 9\times3 + 8\times1 + 1\times3 + 6\times1 + 3\times3 + 2\times1 + 8\times3 = 9 + 21 + 8 + 12 + 7 + 27 + 8 + 3 + 6 + 9 + 2 + 24 = 136$

由于136÷10，余数为6，10 - 6 = 4，则校验码就是4。

下面请思考，将仅由13位数字构成的ISBN作为参数接收，并将返回校验码的函数check_digit按照下列方式创建时，下列程序中的甲和乙处应该填入什么代码？

> check_digit.py

```
def check_digit(isbn):
    sum = 0
    for i in range(len(isbn)-1):
        if[  甲  ]:
            sum += int(isbn[i])
        else:
            sum += int(isbn[i])  * 3

    if[  乙  ]:
        return 10-sum % 10
    else:
        return 0
```

第5章

从设计到测试——必知必会的开发方法与面向对象的基础知识

编写可读性高的代码

对程序运行没有影响的注释

计算机是根据源代码中的内容来执行处理的，而源代码中也可以写入便于人类阅读的注解等内容。例如，当实现了复杂的处理时，如果在代码中注明了为何需要执行该处理的理由，那么以后再来阅读源代码，理解起来就会更加顺畅。

由于这一部分内容是不希望被计算机所执行的，因此使用了特殊的编写方式，也就是人们常说的**注释**，如图5-1所示。例如，在C、PHP、JavaScript等语言中，注释是将夹在“/ * ”和“ * /”中间的部分，或者一行中“//”之后的内容也是注释；而Python和Ruby则是将一行中位于“#”之后的内容作为注释。**注释不会给程序的运行造成任何影响**。

程序员看到源代码就可以理解执行的操作是什么，但却不一定清楚采用该方式实现代码的背景和原因。因此，编写代码时在注释中写入背景、缘由、源代码的说明，可以帮助别人更好地理解代码。

提高代码可读性的缩进与嵌套

在绝大多数编程语言中，通常都会无视存在于源代码中的多个空格或制表符。我们可以利用这一特点，以**方便阅读源代码**为目的，在条件分支和循环语句等控制结构中的代码行的开头使用相同数量的空格或制表符。这种空格或制表符被称为**缩进**（Indent），如图5-2所示。

如果条件分支中包含循环语句，且使用了多层的控制结构，这时就可以使用**加长缩进的方法**来提高代码的可读性，这种方法就称之为**嵌套**。一般情况下，虽然缩进不会影响程序的执行，但由于Python是使用缩进来指定程序结构的，改变缩进的位置就会改变程序的执行操作，因此程序员在编写代码时需要注意这一点。

图5-1 注释的示例

> C语言的场合

```
/ *
 * 计算消费税
 * price: 金额
 * reduced: 是否为减税降费对象
 * /
int calc(int price, int reduced){
    if (reduced == 1){
        // 如果是减税降费对象，消费税就是8%
        return price * 0.08;
    } else {
        //如果不是减税降费对象，消费税则是10%
        return price * 0.1;
    }
}
```

> Python 的场合

```
# 计算消费税
# price : 金额
# reduced: 是否为减税降费对象
def calc(price, reduced):
    if reduced:
        # 如果是减税降费对象，消费税就是8%
        return price * 0.08
    else:
        #如果不是减税降费对象，消费税则是10%
        return price * 0.1
```

图5-2 缩进

```
#include <stdio.h>

int main(){
  int i, j;
  for (i = 2; i <= 100; i++){
    int is_prime = 1;
    for (j = 2; j * j <= i; j++){
      if (i % j == 0){
        is_prime = 0;
        break;
      }
    }
    if (is_prime == 1){
      printf("%d¥n", i);
    }
  }
  return 0;
}
```

缩进

```
import math

for i in range(2, 101):
    is_prime = True
    for j in range(2, int(math.sqrt(i) + 1):
        if i % j == 0:
            is_prime = False
            break

    if is_prime:
        print(i)
```

缩进

知识点

- 注释部分不会影响程序的运行，这是为了使其他人更便于阅读（易于理解）而加入的信息。
- 用户可以使用缩进对齐源代码的开头，以提高代码的可读性。

确定编写代码的规则

源代码中的命名方法

在开发程序时，程序员经常需要为各种对象命名。例如，为了辨别变量、函数、类和文件等不同的对象，就需要为它们命名。虽然根据编程语言的不同，允许用于名称的字母和数字是有限制的，不过只要是在允许的范围内就可以自由地命名。

但是，如果随意地为变量和函数命名，以后在阅读源代码时就有可能不知道该变量和函数是做什么用的。因此，就需要为对象取一个**无论是谁看到该名字都可以理解其含义的名称**。

在命名时，可以根据名为**命名规则**的规则使用多种符号。例如，匈牙利记法是一种用于命名变量的规则，即在名称开头加上前缀，见表5-1。如果是变量名，其优势是看到前缀就可以知道这个变量的类型。

此外，大小写字母的使用方法包括驼峰命名、蛇形命名、Pascal命名等，见表5-2。每种编程语言都有推荐的命名方法，可以**按照该规则进行命名**。

提高代码质量的代码编写规范

除了命名规则之外，通常情况下，为了提高程序的可维护性和质量，我们会为每一个项目制定相关的编程规范。这样的规范被称为**代码编写规范**，如图5-3所示。

例如，缩进是使用空格还是使用制表符来表示，空白处应该插入多少个空格，表示代码块的括号如何排列，注释的写法等问题都在编程规范中作出了约定。

有些编程语言，还**制定了标准的编程指南**，并提供用于检查代码是否符合该语言的编程规范，以及根据编程规范对代码进行自动修正的工具。

表5-1 匈牙利记法的示例

字　首	含　义	使用示例
b	逻辑型	bAgreeFlag
ch	字符型	chRank
n	整数型(int)	nCount
s	字符串型	sUserName
h	句柄类型	hProcWindow

表5-2 大小写字母的使用方法

名　称	编写方式	使用示例
驼峰命名	除了开头的首字母之外，其他单词的首字母都是大写	getName
蛇形命名	单词之间加上下画线	get_name
Pascal命名	单词的首字母全部使用大写	GetName
烤肉串命名	单词之间加上连字符	get-name

图5-3 Python的编码规范PEP-8的示例

代码的布局

- 缩进是4个半角空格。
- 一行代码的长度保持在79个字符以下。
- 顶层的函数和类之间空2行再定义。
- 类的内部，每定义一个方法空一行。
- 代码使用UTF-8编码。

表达式和语句中的空格

- 在括弧、括号和花括号的起始处后面和结束处的前面不要加入空格。
- 逗号、分号、冒号的前面不要加入空格。

命名规则

- 模块名使用全部小写的短单词(可以使用下画线)。
- 软件包的名称使用全部小写的短单词(不推荐使用下画线)。
- 类名采用首字母大写的方式(Pascal命名、驼峰式命名)。

知识点

- 不同的编程语言，其命名规则和编码规范也不同，因此需要根据具体的语言为变量、函数和类命名。
- PEP-8是Python的编码规范。

排除程序实现中的问题

及早发现问题所需的测试

创建程序后，必须对该程序是否能正确执行处理进行确认。可以正常地处理正确的数据是理所当然的事情，但是还需要确保在传递了错误的数据时，程序不会异常终止，而且能够执行适当的处理。

完成测试后，发现结果与预想不同时，需要调查原因并修改程序。为了能在早期发现问题，需要在各种不同的阶段对程序进行测试（见图5-4）。

以很小的单位进行测试

不是对程序整体进行测试，而是**以函数、步骤、方法等为单位进行测试的方法**被称为**单元测试**。正如其名称所示，这是一种以小单位进行测试的方法，用于确认**程序中每个部分的代码在实现上不存在问题，且可以正常执行**。

在单元测试中，我们通常会使用JUnit、PHPUnit等自动化测试工具。每种编程语言都提供了相应的工具，一般称之为xUnit。执行后的测试结果会通过“Red（失败）”和“Green（成功）”两种颜色表示，这样我们就可以很容易地把握代码的实现情况。

将多个程序结合在一起测试

当程序达到一定规模时，软件就是由多个程序构成的。将**多个程序结合在一起进行测试的方法**被称为**集成测试**（Integration Test）。它用于确认完成单元测试后程序之间的接口是否匹配等问题，因此有时也称之为接口测试。

图5-5中展示了单元测试和集成测试的关系。

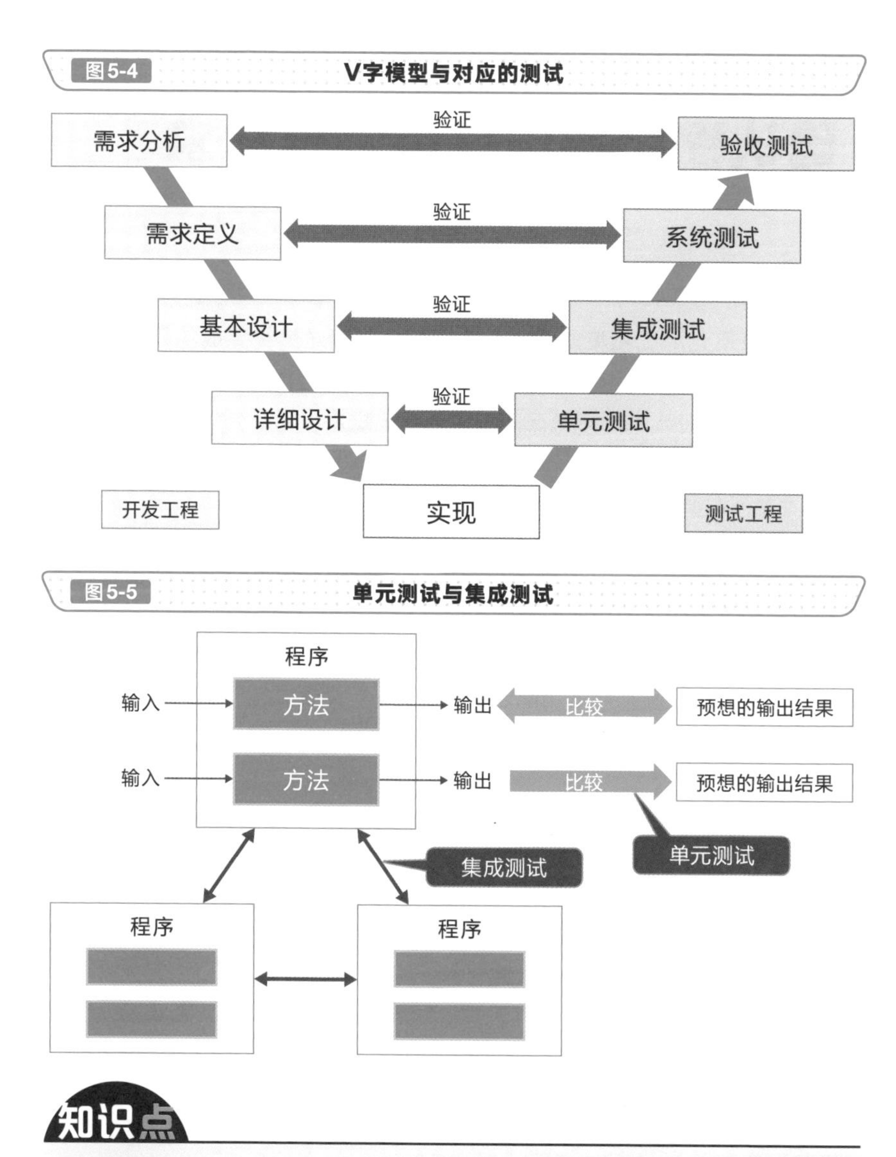

知识点

- 以函数、步骤、方法等为单位进行的测试被称为单元测试，专门用于详细设计中。
- 将多个程序结合在一起进行的测试被称为集成测试，专门用于基本设计中。

确认程序实现是否满足需求

确认系统整体的动作

当结束单元测试和集成测试之后，不仅需要对最终完成的软件进行测试，还需要**使用在实际中使用的硬件对系统整体进行测试**，这就称之为**系统测试**（综合测试）。系统测试主要用于确认“是否可以正确处理在基本设计阶段预想的功能”“是否可以在预想的时间内完成处理”“系统的负载是否有问题”“安全方面是否存在漏洞”等项目，如图5-6所示。

系统测试是开发者这边的最终测试，如果在这一阶段没有发现问题，就会将程序转交给采购方（使用者）。也就是说，这个测试是用于**验证软件是否满足采购方所要求的功能或性能的测试**。

如图5-4所示，用于确认需求定义文件中的项目而进行的测试，不仅需要对是否实现了实际采购的功能需求进行确认，还需要对“是否满足要求的性能”“安全方面是否存在问题”等非功能性需求进行确认。

由客户进行测试

单元测试、集成测试、系统测试是由开发者这边负责测试的，与之相对的，由**采购方（使用者）进行的测试**则被称为**验收测试**。验收测试主要是确认是否满足在需求定义阶段提出的要求，如果没有问题，就可以完成验收。

但是，因“采购方不具备相关专业知识无法进行测试”“无法确保所需的人员和成本”等原因，也会存在将一部分或全部程序委托给其他供应商进行测试的情况。

根据系统内容的不同，也可能采取在生产环境中运行后的一段时间内，**设置用于确认的期间（验收测试期间）**的做法。由于是在实际地运用，因此也可称之为运用测试。此外，也有先在一小部分使用者中尝试导入，如果没有问题再增加使用者数量的做法，如图5-7所示。

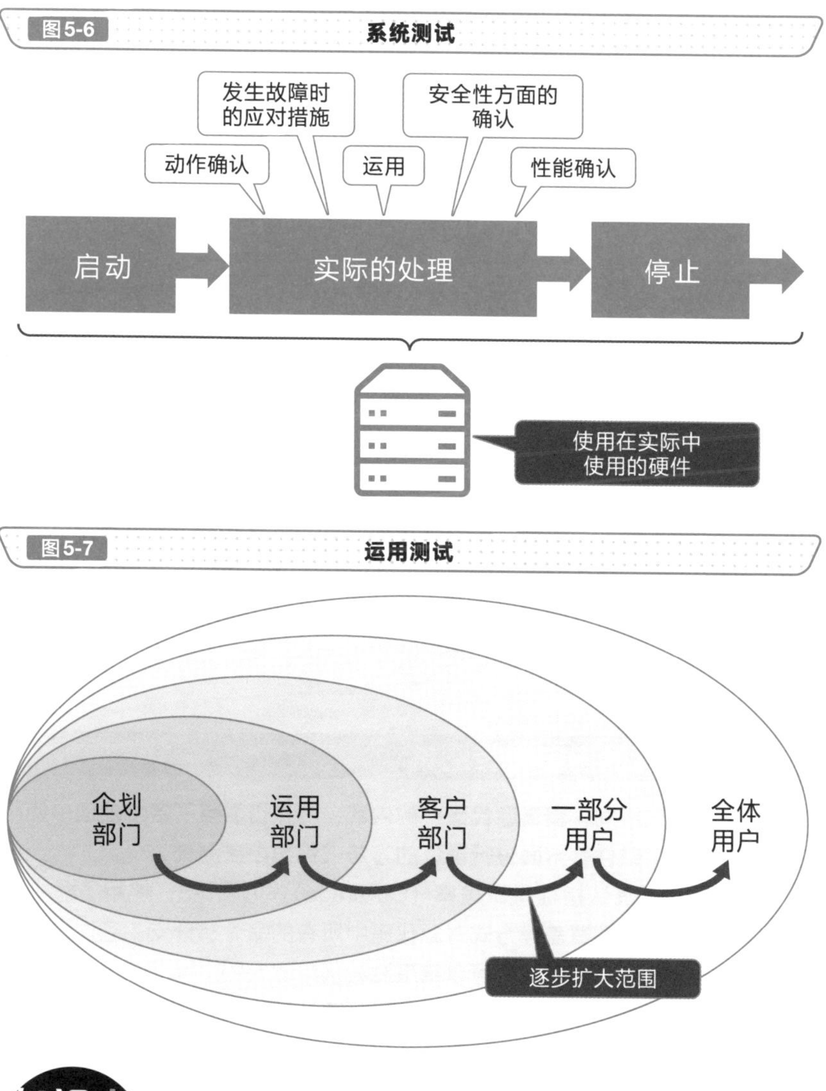

知识点

- 在完成了一系列的开发后，由开发者对系统整体实施的测试被称为系统测试。
- 由采购方确认是否满足需求而进行的测试被称为验收测试。

了解测试的方法

仅通过程序的输入/输出进行测试

想到哪就测试到哪的做法是非常没有效率的，因此我们需要明确待检验的项目并进行测试。此时测试的方法有两种，其中**不看源代码，只关注程序的输入/输出，并判断程序的动作是否符合设计式样的方法**被称为黑盒测试，如图5-8所示。

黑盒测试主要用于对“将某一数据输入到程序后，该程序输出的值是否与预想的结果相同”“执行某一操作时，是否进行了所需的动作”等问题进行确认。由于在软件开发中已经定义了具体的设计式样，因此我们可以根据这一式样设置不同的测试用例，并验证它们是否可以产生正确的输出结果。

由于无须查看实现的源代码，因此这种设置方法可以广泛应用于单元测试、集成测试、系统测试以及验收测试等测试中。

根据源代码的内容进行测试

与黑盒测试不同，**查看源代码中的内容，对是否覆盖了各个处理中使用的命令、分支、条件等方面进行确认的方法**被称为白盒测试。

白盒测试的确认指标是覆盖率（Coverage）。见表5-3，使用了命令覆盖、分支覆盖和条件覆盖等方式对源代码中所有的命令、分支、条件进行测试，如果结果与预期相同，就可以结束测试（见图5-9）。

在白盒测试中，只是对通过的路径进行确认，因此无法找出条件语句的书写错误等。虽然我们也可能会在源代码审查时发现这类问题，但是要查找出这类Bug还是需要进行黑盒测试。因此，通常的做法是以黑盒测试为主，再进行白盒测试以作为辅助。

图5-8 黑盒测试

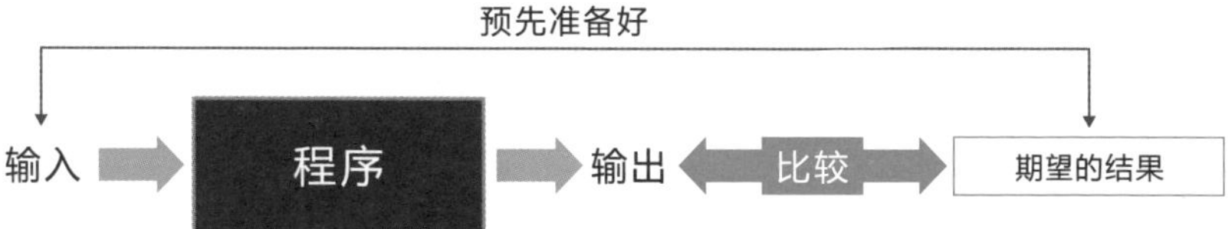

表5-3 覆盖范围的测试条件

覆盖范围	内　　容	详细内容
C0	命令覆盖	是否执行了所有的命令
C1	分支覆盖	是否执行了所有的分支
C2	条件覆盖	是否对所有的组合执行过一次

图5-9 分支覆盖与条件覆盖的区别

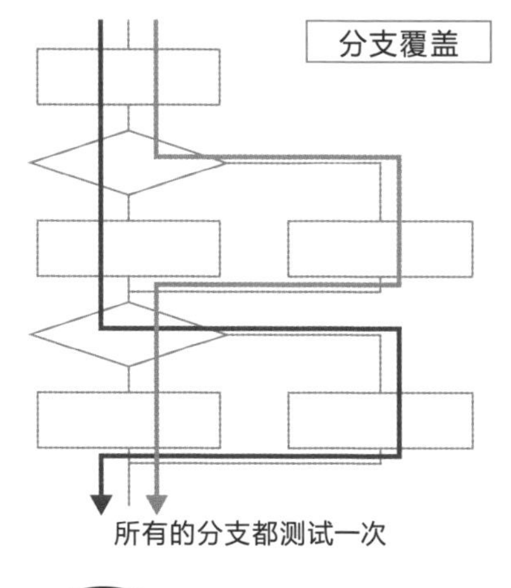

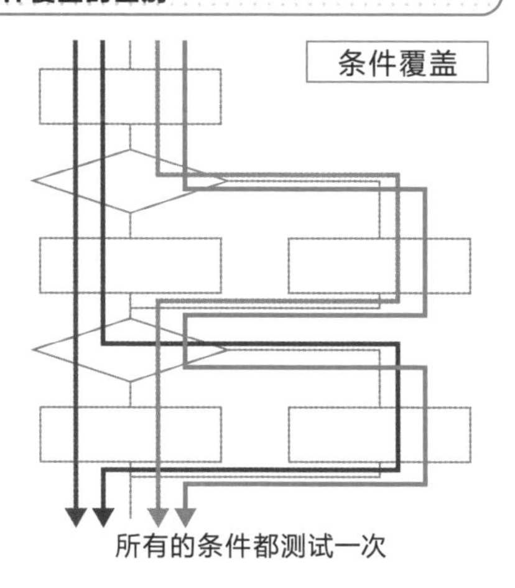

知识点

- 只关注程序的输入/输出的测试方法被称为黑盒测试，它主要是对规定的测试用例是否得到了正确的结果进行确认。
- 查看源代码中的内容，对是否覆盖了所有的命令、分支、条件等进行确认的测试方法被称为白盒测试。

学习黑盒测试的技巧

使用具有代表性的值进行测试

在黑盒测试中，只重视程序的输入/输出，但要对所有的数据和操作进行确认是很辛苦的，这时就需要使用一些技巧来进行测试。可能大家马上就会想到只对典型的值进行测试的方法。

将值分成可以用相同方式处理输入和输出的小组，并使用典型值进行测试的方法被称为**等价划分**。我们可以从多个小组中选择一个合适的值进行测试，以提高测试效率。

例如，接收到一个将最高气温分成“酷暑日”“仲夏日”“夏日”“隆冬日”“其他”的程序，可以从上述分类的最高气温数据中挑选出一个数据，组成如“37℃、32℃、28℃、15℃、-5℃”这样的测试数据，如果程序可以正确地对其分类，则可判断为没有问题，如图5-10所示。

使用边界前后的值进行测试

实现判定条件时容易发生的问题是，条件边界的错误。例如，使用某个值进行判定时，如果**没有对“以下”和“不到”进行正确区分**，结果就会不一样。

将值分成可以用相同方式处理输入和输出的小组，并使用该边界值进行测试的方法被称为**边值分析**（边界值分析）。使用边界值，就可以判断程序中分支的条件是否得到了正确的实现。

以将接收到的最高气温数据分类成“酷暑日”“仲夏日”“夏日”“隆冬日”“其他”的程序为例，其条件设置如图5-11所示。

为了对其进行正确的判定，在此使用了“36℃、35℃、34℃、31℃、30℃、29℃、26℃、25℃、24℃、1℃、0℃、-1℃”这样一组数据。

通常情况下，我们会将等价划分和边值分析组合在一起进行测试。

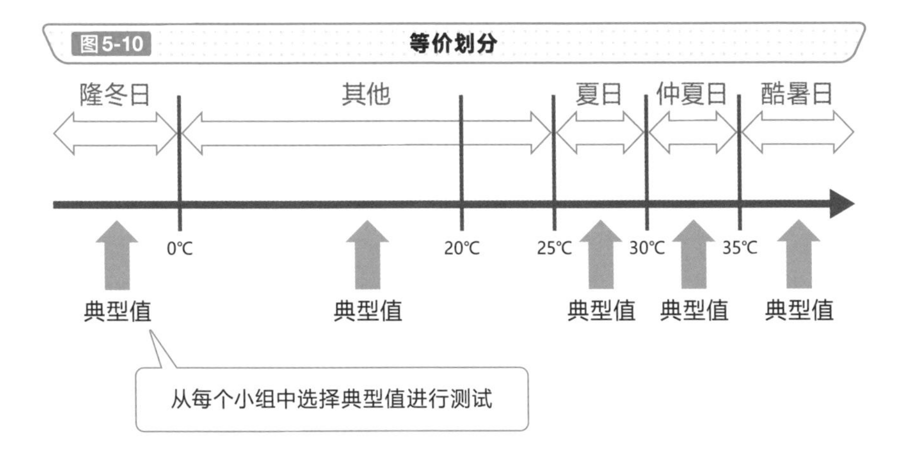

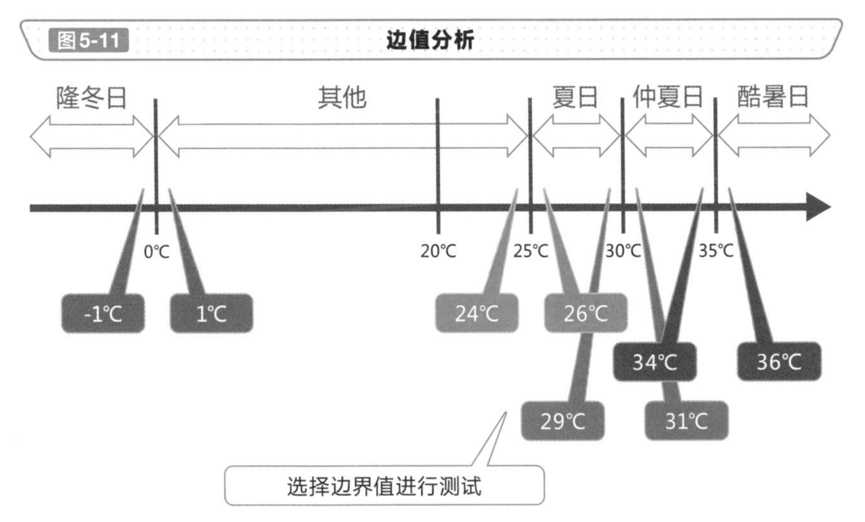

知识点

- 从小组中选择典型的值进行高效测试的方法被称为等价划分。
- 使用边界值确认条件是否得以正确实现的方法被称为边值分析。

发现问题并进行管理

发现程序中的问题

我们将程序无法按照预期执行动作的现象称为Bug（问题）。这不仅包括在编写源代码时输入的“实现时的Bug”，也包括在原本的设计阶段就存在的“设计时的Bug”。

去除Bug，对程序进行修正使其可以正确执行动作的操作被称为调试，如图5-12所示。实际上，有时我们会将**查找Bug的操作也包含在内，统称为调试**。

在与法律相关的文件中，有时也会将Bug称为“瑕疵”。

方便调试程序的工具

用于帮助查找程序中的Bug的软件被称为调试器。它并不是连贯地执行创建好的程序，而是提供了“在指定的位置暂时停止处理”“一行一行地执行，并显示代入变量中的值”等功能。

使用调试器，就可以在确认是否进行了错误的计算、是否保存了意料之外的值的同时推进处理，可以帮助我们查找Bug所在的位置。

但是需要注意的是，它不是自动地查找Bug所在的位置，只是**帮助程序员找到Bug**而已。

找到Bug后，首先需要对其进行修正，但是作为管理者，需要考虑Bug的数量和处理的优先顺序。此时可以使用BTS（错误跟踪系统）进行管理，如图5-13所示。

通过BTS，可以实现对“由谁在何时发现”“什么情况下会发生”“由谁如何修正”“功能的重要程度”等信息进行管理。此外，通过对Bug的修正情况进行管理，还可以将其应用到今后的软件开发中。

图5-12　调试的方法

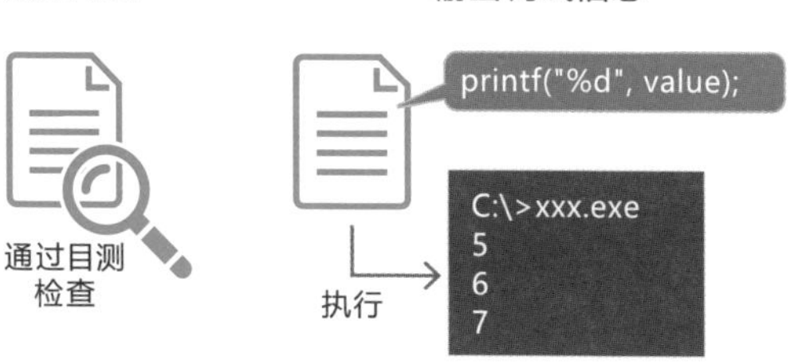

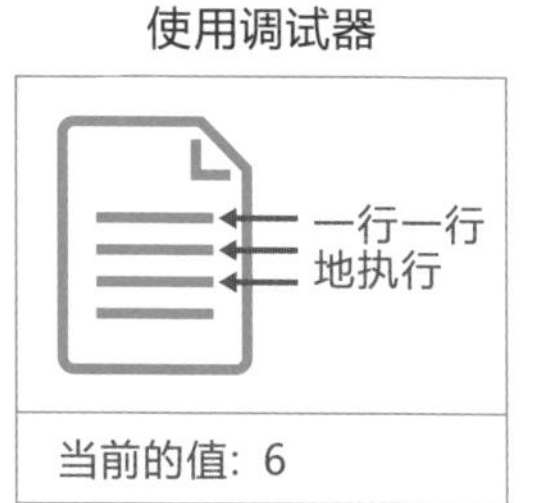

图5-13　使用BTS管理Bug的流程

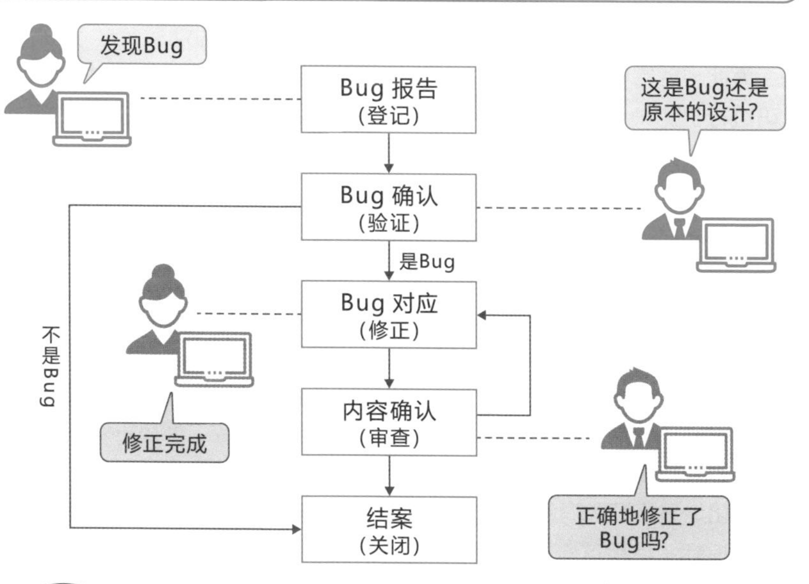

知识点

- 程序无法按照预期执行动作的现象被称为Bug。
- 去除Bug、查找Bug的操作被称为调试，支持调试功能的软件被称为调试器。
- BTS是用于管理Bug的软件。

在不执行程序的情况下验证

目测是否存在问题

白盒测试和黑盒测试一般是在写完代码之后的测试工程中实施的操作。也就是说，如果没有完成一定程度的代码，是无法进行测试的。

在测试中发现错误之后，就需要**返回到问题发生的阶段进行修正（返工）**。如果是设计阶段出现的错误，就必须修改设计文档。如果可以在早期阶段发现问题，就可以避免返工，将影响范围降低到最小。

为此，就需要在开始测试之前的阶段进行验证。通过第三方对文档和源代码进行目测确认的操作被称为**检查**，如果是对文档进行确认则称为审核，对源代码进行确认称为代码检查或代码审查，如图5-14所示。

使用工具诊断源代码

检查是由人工实施的操作，而使用计算机诊断源代码的操作则称为**静态分析**（静态代码解析、静态程序解析），这类工具被称为静态分析工具。

由于这是一种**无须执行源代码，就可以发现源代码中包含的各种问题的方法**，可以自动地进行处理，因此比人工确认更加高效。但是它对于工具支持的项目以及设置了的项目之外内容的项目是无法进行检查的。

量化地显示源代码的规模、复杂度和可维护性的**软件指标**是静态分析中常用的指标。使用这些指标，有助于我们及早地发现那些难以维护的代码，减轻维护负担，提高代码审查质量，如图5-15所示。

由于无须运行软件，可以在开发过程中的早期阶段进行诊断，因此这种方式可以避免返工情况的发生。

图5-14 检查与审核

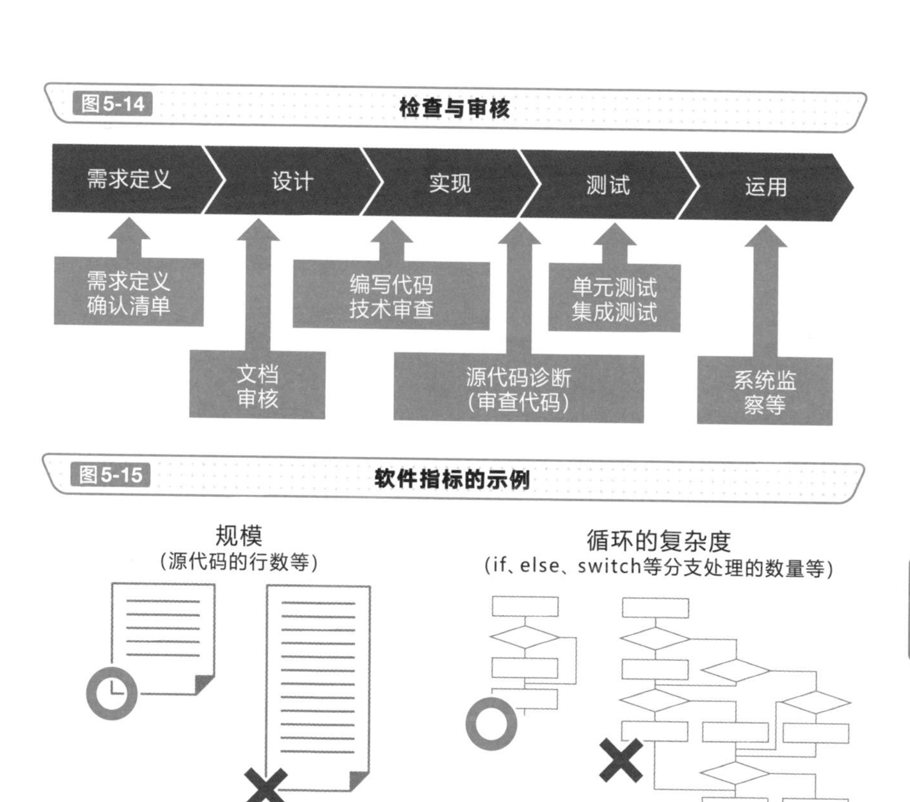

图5-15 软件指标的示例

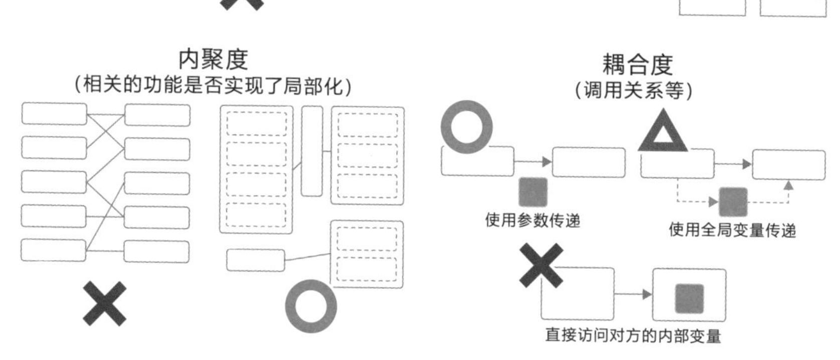

知识点

- 对文档和源代码进行目测确认的操作被称为检查，可以帮助我们在早期阶段发现问题。
- 使用静态分析工具可以有效地防止出现难以维护的代码。

思考从软件规划到结束使用的问题

对业务建模并制定系统化计划

正如在第1章中所讲解的，软件开发大致可以分为从需求定义开始到设计、实现、测试、发布等步骤。我们将**从软件的企划到应用结束**的整体流程称为**软件生命周期**，涵盖从企划、需求定义、开发、导入、应用到维护的整个周期，如图5-16所示。

也就是说，软件开发不仅包括前期阶段的企划，也包括发布之后的实际应用和维护等工程。软件完成开发并不代表着结束，发布之后也会因需求和问题的产生而需要采取修正等应对措施。

实际上，这一周期有时候还包括维护之后的废弃工作，即可能会因为“业务结束”“替换新系统”等理由不再需要使用相关软件。因此，在确定软件生命周期时，我们需要**放眼整体，将业务模型化**。

开发与运用的协作体制

在考虑软件生命周期时，需要注意到并不是由同一个人负责所有的工程，大多数公司是将主要负责开发的部门和负责运营、维护的部门分开的。

但是，如今不仅需要提高应用的可靠性，通过从开发到维护的整套流程来提高生产性能的需求也越来越多，因此出现了所谓的**DevOps**体制，如图5-17所示。这是一个结合了Development（开发）和Operations（应用）两个词的开头部分组成的新词。通过将开发和应用紧密结合，不仅可以更好地磨练工程师的技能，而且还因为可以满足客户的需求而受到广泛关注。

图5-16 **软件生命周期**

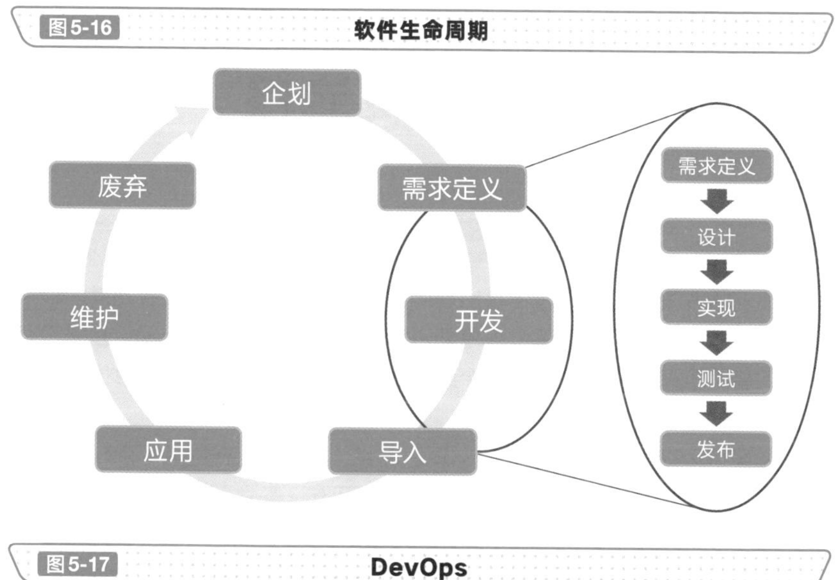

图5-17 **DevOps**

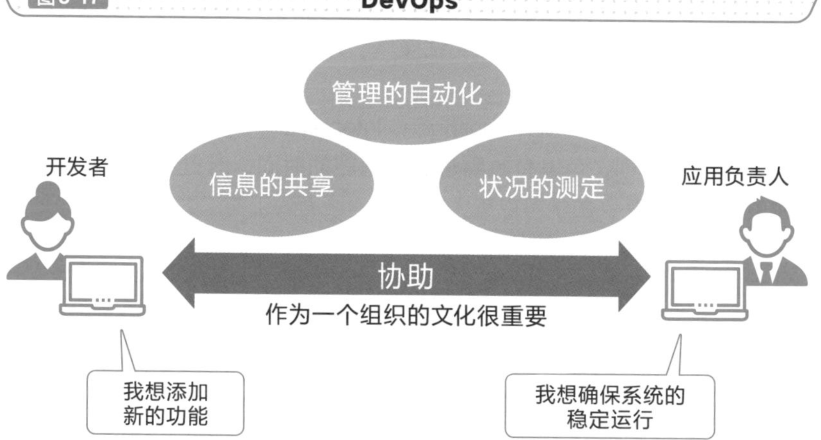

知识点

- 软件开发并不是完成导入后就结束了，还需要考虑包括软件废弃在内的问题，实现业务的模型化，并制定系统化的计划。
- 在开发软件时，不能将开发和应用分开考虑，而应当考虑建立可以使二者紧密协作的体制。

自动化软件的开发流程

执行自动构建和测试

在软件开发过程中，最容易出现问题的阶段是将多个开发者开发的程序统一到一起的时候。即使每个程序都进行了严格细致的测试，运行起来没有任何问题，但是当将它们作为一个统一的系统运行时，就有可能会出现无法正常执行的情况。

如果可以在早期阶段就发现认识上的不一致，就能在影响范围较小时将问题修正，但是如果已经经过了很长时间的开发，等到开发的后期才发现问题，那么影响范围就会很大。

为此，就有必要考虑建立这样一种机制，即允许开发人员频繁地提交代码，并在提交后自动执行构建和测试操作。如果操作失败，还应及时向开发人员反馈。

这样的方法被称为**CI**（Continuous Integration，持续集成），如图5-18所示。通过实施CI，可以有效**缩短发现问题的时间，而且也易于调查产生问题的原因**。此外，由于可以减少因发现问题而返工的次数，因此也有助于**提高团队的生产力**。

保持能随时发布的状态

与CI同样为人们所津津乐道的是**CD**（Continuous Delivery，持续发布），如图5-19所示。它是指在任何时候都可以发布软件的状态。

使用CD机制，允许管理者和经营者在想要发布软件时，就可以对最新的内容进行发布。此外，由于可以提高软件发布的速度，因此**可以将市场的反馈迅速地反映到软件的修改中**。

使用CI执行构建和测试，如果没有发现问题就自动地发布到生产环境的过程也可以称为CD，我们将这种做法称为持续部署（Continuous Deployment）。

图5-18 CI的流程

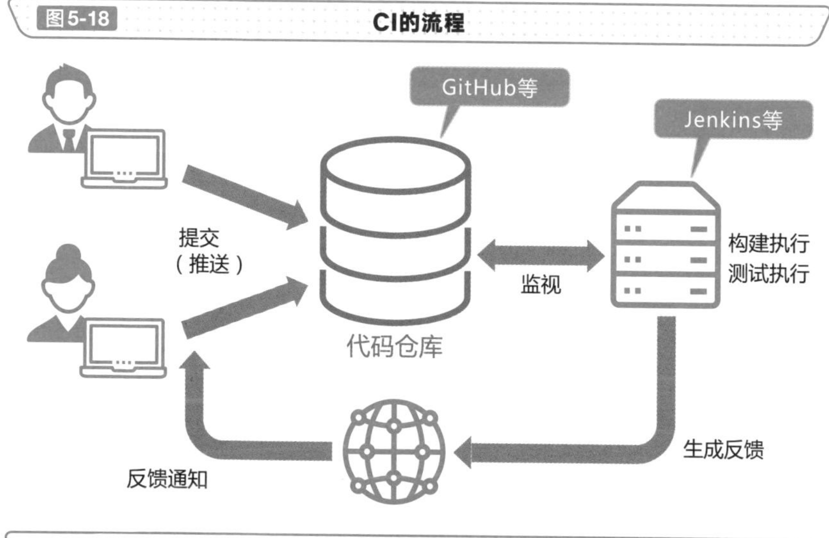

图5-19 CD的流程

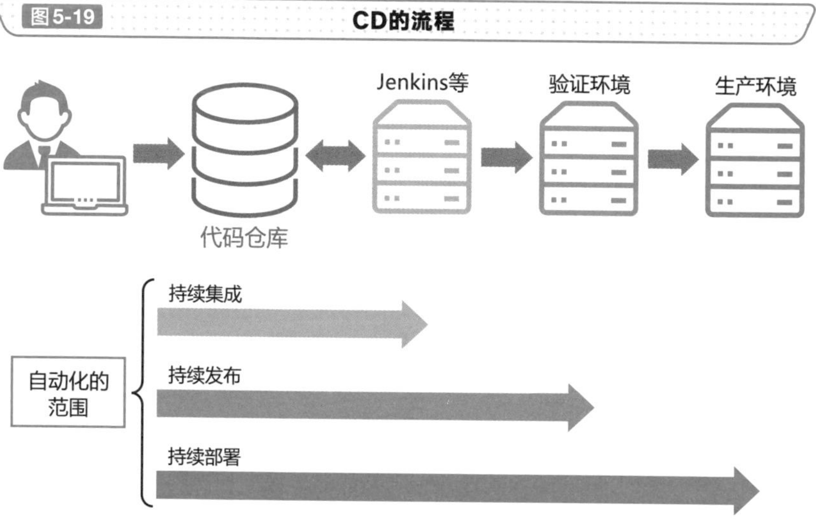

知识点

- 利用CI机制可以在早期阶段发现问题，因此可以有效提高开发效率。
- CD机制有利于提高软件的发布速度。
- 也可以将CI和CD的组合称为CI/CD。

» 在不改变程序行为的前提下整理代码

代码可读性差的原因

如果是像脚本那样只使用一次的简单程序，“姑且能够运行”的源代码也是没有问题的，但是如果是要使用好多年的骨干系统，或者由多人参与开发的大规模软件，则时常需要进行功能的添加和式样的变更。

即使是当初仔细设计过的系统，当设计式样突然发生变化时，就可能需要进行现场的对应，从而编写出没有考虑到扩展性等方面问题的源代码，如图5-20所示。如果在这种情况下继续推进开发，**就可能导致处理内容变得难以理解，最终无法顺利地对项目进行修改和维护**。

在不改变内容的情况下重新整理代码的重构

就像撰写文章时需要对其进行修改校正一样，编程也需要对源代码进行修正使其易于阅读。但是，随着软件开发的推进，对于那些没有问题可以正常运行的源代码往往是不想进行改动的，因为改动代码可能会引入新的问题。

其实可以在**不改变现有程序的行为的情况下，将源代码修正为更好的形式**，也就是所谓的**重构**。由于重点是“不改变现有的行为”，因此在操作的时候需要非常慎重，如图5-21所示。要实现这一点需要掌握很多技巧。

例如，事先创建好根据现有程序的式样而编写的测试代码，然后将重构修正后的源代码的执行结果与使用测试代码执行的结果相比较，如果执行结果不同，则表示修正方法有误。也就是说，由于存在测试代码，我们可以在**重构的同时确认代码是否有问题**，因此可以放心地对代码进行重构。

此外，为了判断需要修正到什么程度代码才容易维护，我们还可以使用基于静态分析的软件指标。

图5-20 代码出现问题的理由

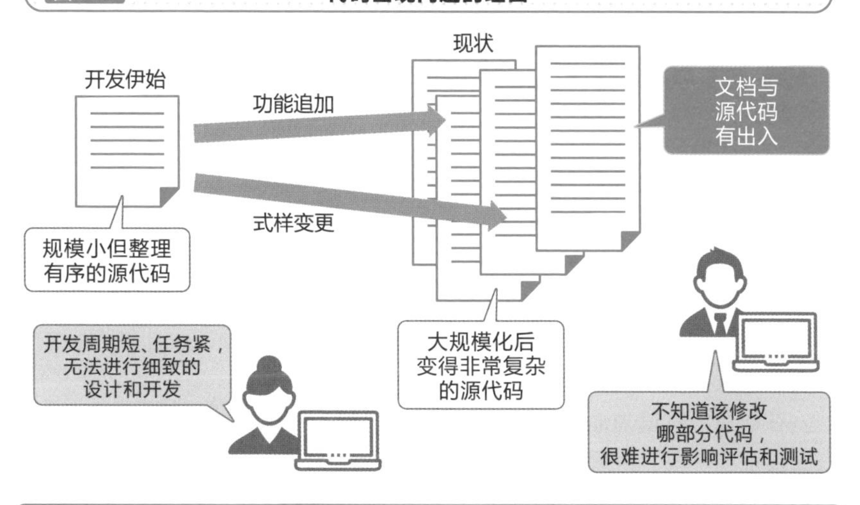

图5-21 重构

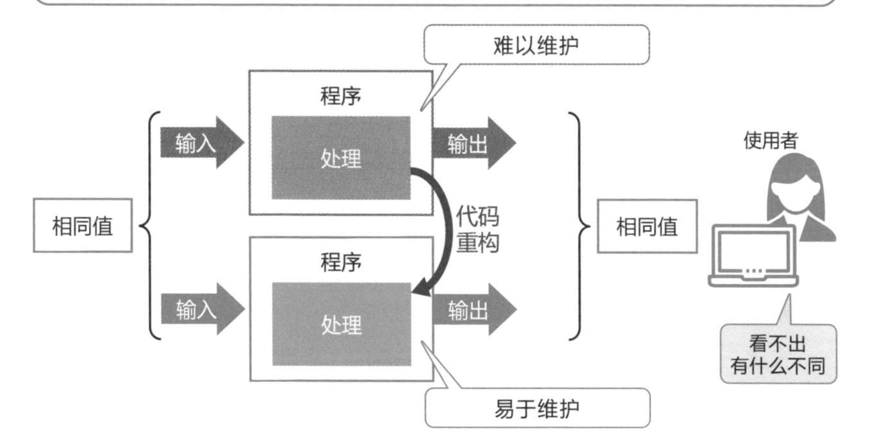

知识点

- 由于即使进行重构也不会改变程序的行为，因此相同的输入仍然可以得到相同的输出。
- 可以将软件指标作为重构时的参考指标。

以自动测试为前提推进开发

预先写好检测代码

可能很多人会认为在软件开发过程中，测试工程是在开发的中后期阶段才实施的。当然，如果从“确认是否是按照设计阶段设计的式样那样实现的”这一角度来看，测试工程的确是中后期才开始的，然而近几年这一顺序正在发生改变。

在所谓的测试驱动开发的开发方法中，是以测试为前提来推进开发的。在开发前期阶段，将需要实现的式样编写为测试代码，再对**实现的代码是否可以通过测试**进行确认的同时推进开发，如图5-22所示。这样一来就可以有效地防止存在问题的代码被引入程序中。

像这样从测试代码开始编写程序的方法被称为测试优先。以最少的代码实现测试代码的运行，并在不断修改代码的过程中确保**测试代码的执行不会失败**。

由于自动地执行测试代码，可以高效地判断测试代码是成功还是失败，因此测试驱动开发中经常会使用单元测试工具。

适应变化并灵活应对

在瀑布式开发方式中，文档是非常重要的，因此需要在开发前对式样进行定义，而**认为设计发生变更是理所当然的事情，并积极应对的开发方法**被称为XP（Extreme Programming，极限编程）。

它作为敏捷式软件开发中具有代表性的方法而为人所知，通过导入自动测试，即使发生变更，也可以通过各种方式灵活地进行应对。凭借其相对于文档更重视源代码的思想，这种开发方式与测试驱动开发的组合受到很多程序员的欢迎。

例如，对极限编程的5大核心价值和19项具体的实践（Practice）进行的定义如图5-23所示。要理解这种开发方式，需要改变传统的开发方法和开发者的思维模式。

图5-22 测试驱动开发的流程

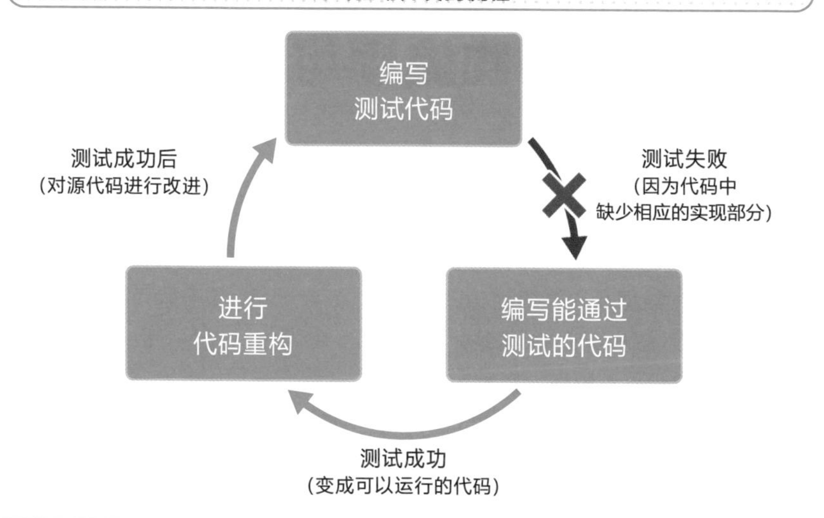

图5-23 极限编程中的5大核心价值与19项实践

合作实践	开发实践	管理者实践	客户实践
• 反复	• 测试驱动开发	• 责任的承担	• 编写说明
• 通用的术语	• 结对编程	• 援助和支援	• 发布计划
• 开放的工作空间	• 代码重构	• 季度性审查	• 验收测试
• 回顾	• 源代码的共同所有	• 镜面作用	• 短期发布
	• 持续集成	• 最佳节奏的工作	
	• YAGNI原则		

5大核心价值

沟通、简洁、反馈、勇气、尊重

- 在测试驱动开发中，可以在确认测试成功不会导致返工的同时推进开发，因此可以有效地减少Bug的发生。
- 可以说极限编程是一种即使业务需求发生变化也能轻松应对的开发方法。

将数据结构和流程可视化

使用图来设计数据库

通过程序处理数据时，不仅可以将数据保存到文件，还可以将其保存到数据库中。在数据库中数据是以表格形式保存的，但并不是只有一个表格（表），而是像图5-24中展示的那样划分成多个表进行保存，因此**数据更易于管理。即使是变更数据，也只需要进行小幅的修正即可**。

此时，我们需要考虑“每个表格中保存什么内容”“与其他表格中的哪一项进行关联”。在设计数据库时，通过图表来表示这些关系，不仅可以在头脑中对设计思路进行整理，在向其他人讲解时也会更容易。

这种情况下**E-R图**就派上了用场。正如其名称所示，它是将“实体（Entity）”和“相关性（Relationship）”模型化后创建的图表。E-R图有多种标记方式，最近几年较为常用的是IE记号。

IE记号用圆圈和线条来表示保持有多少个实体（多重性），如图5-25所示。由于符号的形状类似于鸟类的脚，因此也被称为“鸟趾符号”。

数据流程可视化

设计数据库时，关系图十分重要，而用来表示**“整个信息系统的数据应当如何流动”“数据从哪里传递过来，保存到哪里去”**的**DFD**图同样不可或缺。

在DFD图中，数据的流向和处理是通过“外部实体（人员和外部系统等）”“数据存储（数据的保管位置）”“过程（处理）”“数据流（数据的流向）”这4个项目来表示的。

DFD图也有多种不同的标记方法，常用的是Yourdon & DeMarco法，外部实体用四边形表示，数据存储用两根线条表示，过程则用圆圈表示，数据流用箭头表示，如图5-26所示。

图5-24 多表示例

顾客

顾客ID	顾客名	邮政编码	住址	电话号码
K00001	翔泳太郎	160-0006	东京都新宿区	03-5362-3800
K00002	佐藤一郎	112-0004	东京都文京区	03-1111-2222
K00003	山田花子	135-0063	东京都江东区	03-9999-8888

商品

商品ID	商品名	分类ID	供应商
A0001	豪华签字笔	C001	○×商社
A0002	化妆盒	C002	□☆物流
A0003	钢笔	C001	△○事务所

订单

订单ID	顾客ID	下单日期
T000001	K00001	2020/07/01
T000002	K00001	2020/07/02
T000003	K00002	2020/07/10

订单明细

订单明细ID	订单ID	商品ID	单价	数量	交货日期
M0000001	T000001	A0001	¥1,600	10	2020/07/01
M0000002	T000002	A0002	¥2,500	20	2020/07/02
M0000003	T000003	A0003	¥1,980	10	2020/07/10

图5-25 E-R图的示例

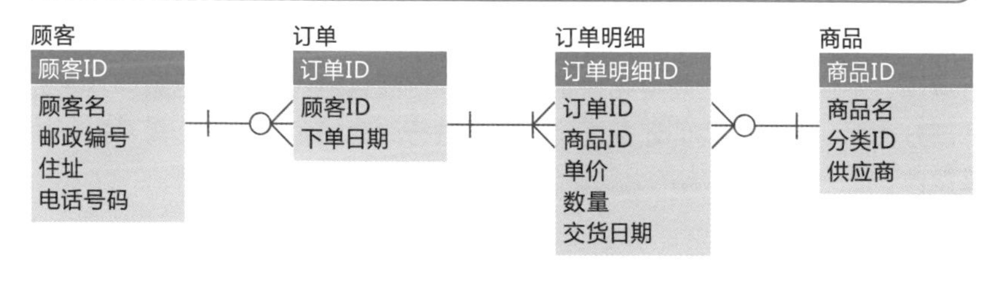

图5-26 DFD（Yourdon & DeMarco法）的示例

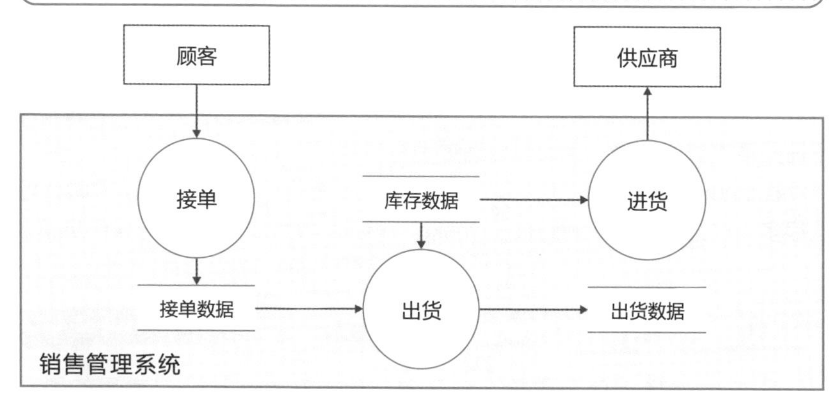

知识点

- E-R图经常用于数据库的模型化。
- DFD图经常用于表示数据的流向。

编译自动化

将代码变为可执行程序的“构建操作”

在C语言和Java等编译型的语言中，编写完代码之后还需要进行编译和链接操作，如图5-27所示。这些操作被称为**构建**。

如果是只有一个代码文件的简易程序，只需执行编译命令即可，但是很多**大规模的软件是由多个源代码文件构成的**，如果对每个源代码文件分别进行编译，不仅在处理上需要花费更多的时间，而且还有可能忘记编译其中的一部分代码。此外，我们还需要确认没有进行改动的源代码是否需要执行编译操作。

C语言中常用的自动构建工具

make可以长期作为执行上述操作的自动化工具使用。通过编写如何自动执行处理的名为Makefile的文件，无论是多么复杂的步骤，都只需要通过make这一个命令就能实现，如图5-28所示。由于**那些没有进行改动的文件不需要再次进行编译**，因此可以有效地缩短编译时间。

在Linux环境中，由于大量软件的安装都使用了make命令，因此有可能很多人已经习惯了configure→make→make install这一连串的操作步骤。

Java中常用的自动构建工具

虽然make是一个历史悠久的工具，但是在Java环境中常用的则是**Ant**。由于是使用Java创建的，因此它不仅可以在很多环境中使用，而且因为是使用**XML格式编写设置文件，因此还具备易于开发者阅读**的特点。最近还出现了对Ant作了进一步改善的Maven和Gradle这类功能丰富的构建工具。

图5-27　构建

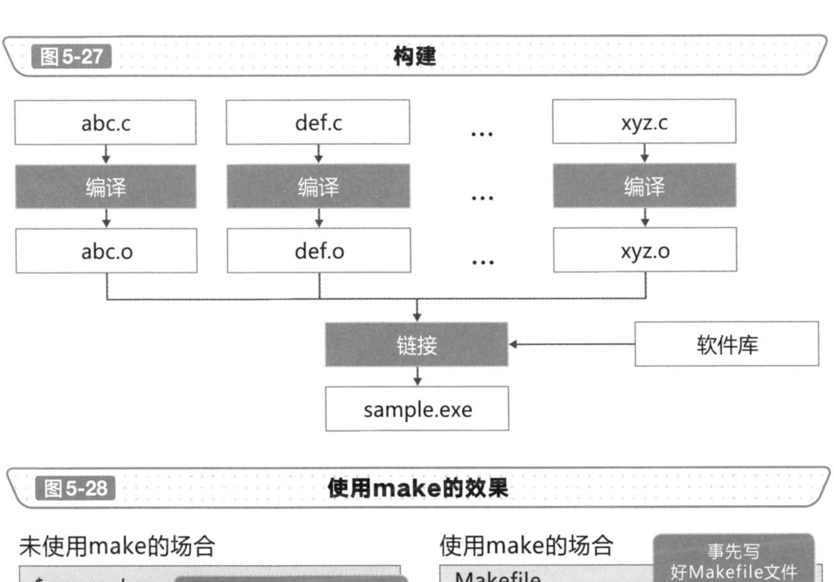

图5-28　使用make的效果

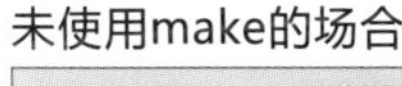

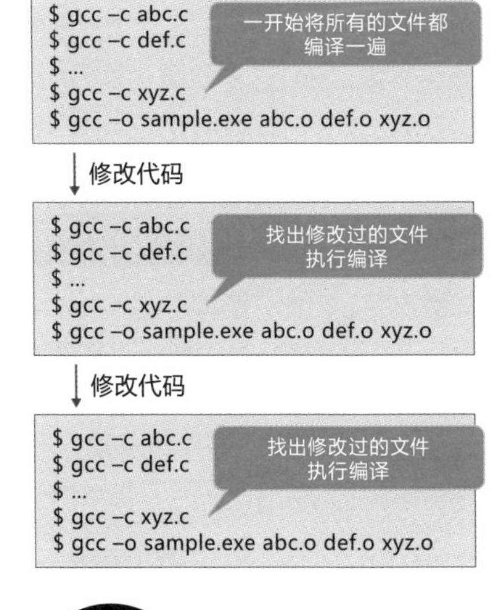

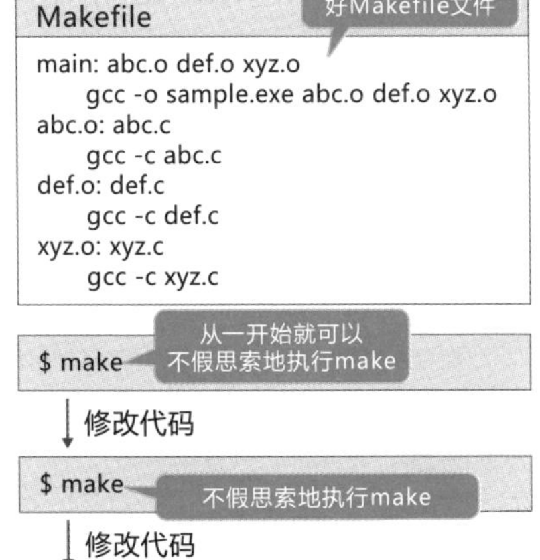

知识点

- 当需要对多个文件进行编译时，使用make和Ant等工具可以将复杂的操作步骤自动化。
- make不仅可以供开发者使用，使用者在安装软件时也可以使用。

了解面向对象的基本概念

面向对象中的设计图

面向对象的思想可以用“抽象化”来概括，也就是将每个数据中存在的具体信息去除，**将数据的共同点抽取出来后，再去考虑程序设计**。

例如，对企业销售的商品进行分类，就可能是如图5-29所示的关系。像这样从每个商品所具有的特点中抽出共同的部分并进行抽象化处理。

这样抽象而成的对象就可以作为通用的对象使用。这种类似于设计图的对象就是**类**。正如在2-3节中所讲解的，在面向对象编程中，是将**数据和操作集中到一起**来考虑程序设计的。

这里假设有“书”这样一个类，其中包括标题、作者名、页数和价格等数据。此外，通过“再版印刷”这一操作，可以更新“印刷次数（第2次印刷、第3次印刷）”的数据。

从设计图生成实例

类本质上只是设计图，并不表示实际的商品。因此，要将它们作为一个个的商品来处理，就需要对其进行实体化[①]。经过实体化后得到的对象就被称为**实例**，如图5-30所示。

接下来将创建名为书（Book）的类，然后将名为“编程的原理”和“安全的原理”的书实体化。此外，还将分别实现更新这两本书的印刷次数的处理。

如果是使用Python，可以编写出如图5-31所示的代码。这种情况下，不仅需要对类进行定义，还需要从一个类生成多个实例，并创建对该实例进行处理的程序。

我们将某个类实体化后的产物统称为**对象**，有时也将固有的对象称为实例。

① 实体化：是指保存到内存中，可供单独执行处理的对象。

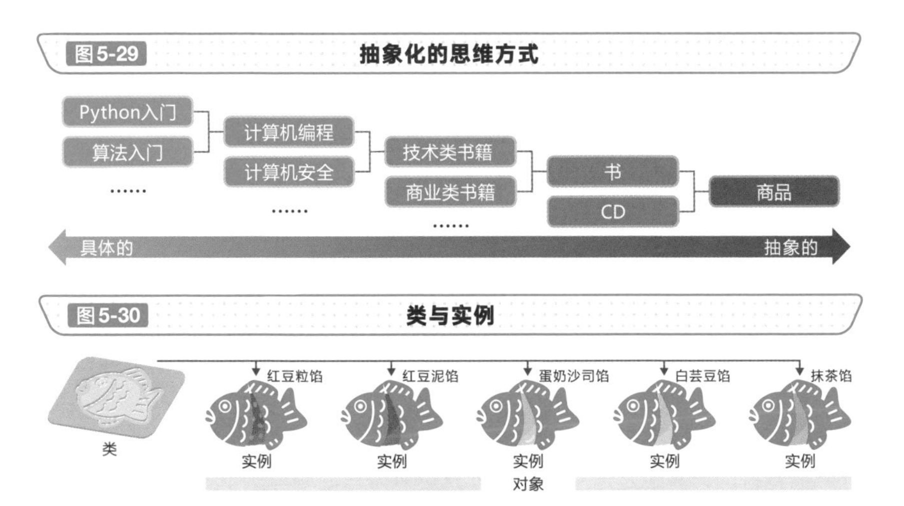

图5-31 从一个类生成多个实例

```
class Book:
    def __init__(self, title, price):
        self.title = title
        self.price = price
        self.print = 1

def reprint(self):
    self.print += 1
    return '%s：第 %i 次印刷' % (self.title, self.print)

security = Book('安全的原理', 1680)
programming = Book('编程的原理', 1780)
print(security.reprint())          // 输出 "安全的原理：第 2 次印刷"
print(security.reprint())          // 输出 "安全的原理：第 3 次印刷"
print(programming.reprint())       // 输出 "编程的原理：第 2 次印刷"
print(security.reprint())          // 输出 "安全的原理：第 4 次印刷"
print(programming.reprint())       // 输出 "编程的原理：第 3 次印刷"
```

知识点

- 类是设计图，需要作为实例进行实体化。
- 从一个类可以生成多个实例，而每个实例可以对不同的数据进行处理。

继承类的属性

现有类的再利用

可以通过扩展现有类的方式来创建新的类，这一处理被称为继承(Inheritance)。通过继承就**可以再次利用已经实现的处理，有效提高开发效率**。

例如先前的示例，无论是书还是CD，商品中都标有名称和价格。此外，消费税的计算也是通用的。这样就可以为它们编写一个名为“商品”的类，并通过继承这个类创建“书”和CD类，然后就可以直接使用这些类了，如图5-32所示。

通过继承创建新类

通过继承某个类的方式创建的类被称为子类或派生类。相反的，原始的类则被称为父类、基类、超类。如图5-32所示，商品类是父类，书类和CD类则是子类。

子类不仅具有父类的特性，还可以为它们**设置其独有的特性**。此外，通过重写（Override）父类所包含的方法，还可以实现完全不同的行为。

从多个父类中继承

从多个父类中继承被称为多重继承。虽然可以具有多个父类的特性，看上去似乎很方便，但是如果两个父类中包含相同名称的方法，程序就**无法判断应该调用哪个父类的方法**。这个问题被称为菱形继承问题（钻石问题），如图5-33所示。

因此，有些编程语言是禁止使用多重继承的。

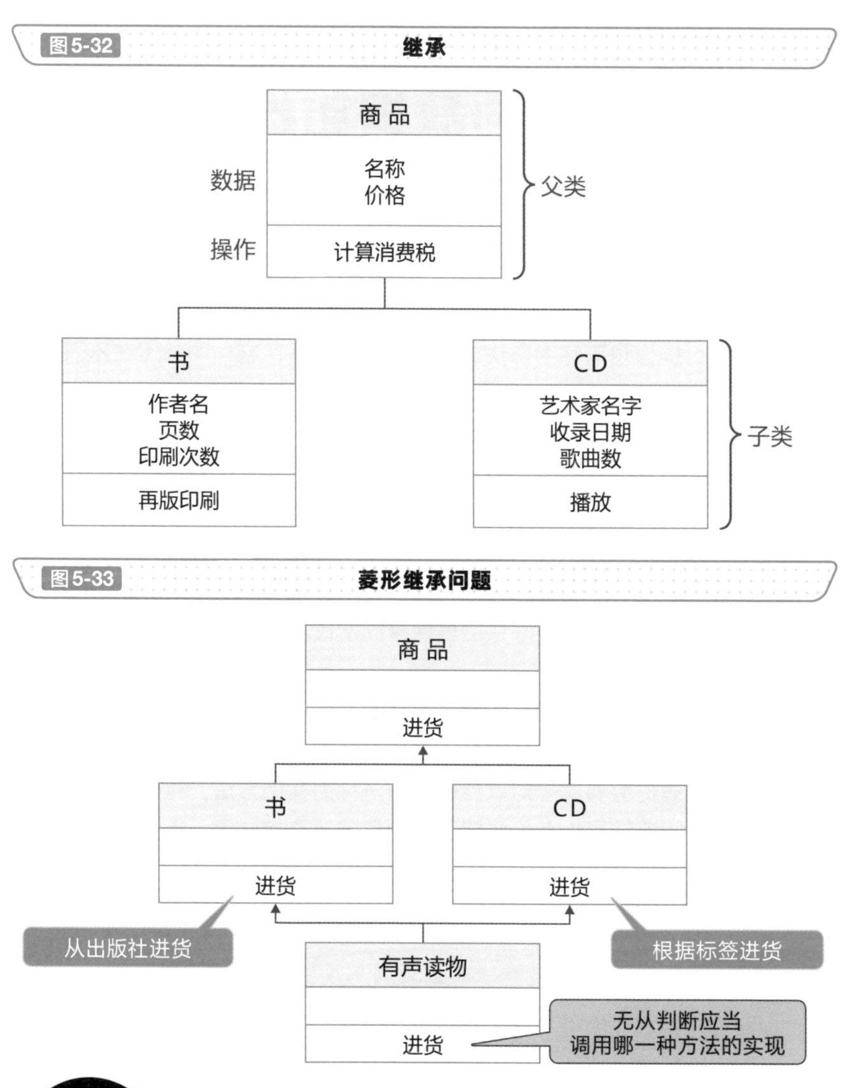

知识点

- 通过继承创建子类，就可以使用继承自父类的特性。
- 由于会发生菱形继承问题，因此有些编程语言禁止使用多重继承。

处理组成类的数据和操作

对象保有的数据和操作

正如5-15节中所讲解的，类是由数据和操作组成的。数据也称为字段或成员变量，操作也可称为方法或成员函数。此外，它们的称谓在不同的编程语言中也有所差异。

由此可见，在面向过程型语言中，我们可以将变量对应字段，函数对应方法。在面向过程型语言中，可以将任意的值保存到变量中，而在面向对象型语言中，则是**创建由字段和方法组合而成的类，并通过方法访问字段**，如图5-34所示。

也就是说，使用“将值保存到字段中”“读取保存的值”“更新保存的值”等方法，就可以避免将非法的值保存到字段中，而且还可以对保存的值进行加工并输出。

为对象的**每个实例分配的数据**被称为实例变量；**对于相同的类而言，其所有的实例之间都共享的相同数据**被称为类变量，如图5-35所示。

同样的，有时会将属于对象实例的方法称为实例方法，将属于类的方法称为类方法。类方法可以在不生成实例的情况下直接使用，因此有时也称为静态方法。

表现对象属性的语言

有些编程语言还提供了用于获取和设置字段的值的方法，我们称之为属性。也有些编程语言不会对字段和属性的使用进行区分。

例如C#的属性，从类的外部看是作为字段实现的，但是在类的内部却是作为方法实现的。

图5-34 字段与方法

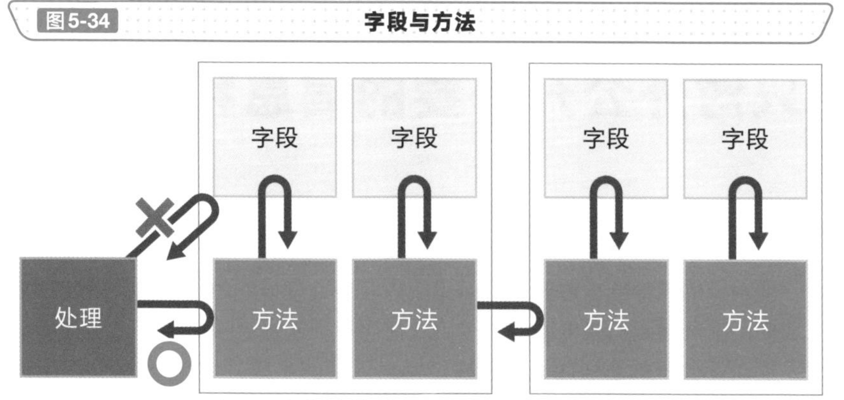

字段不允许直接访问，必须通过方法访问

图5-35 类变量与实例变量

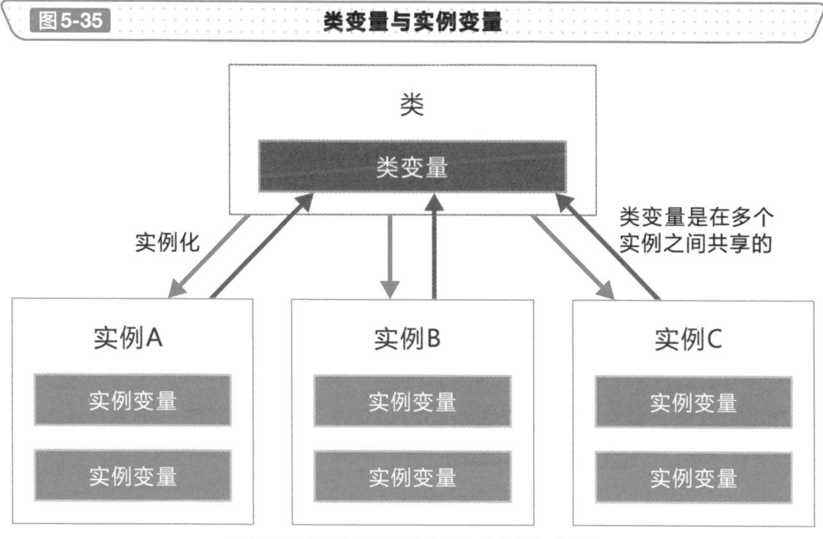

实例变量是分配给每个实例的变量

知识点

- 如果不直接从外部将值代入字段中，而是使用方法将值保存到字段中，就可以避免将非法的值保存到字段中。
- 在读取字段中保存的值时，如果使用方法，还可以同时对值进行加工后再输出。

只对外公开必要的信息和步骤

隐藏内部结构

使对象的内部结构对外部不可见的内容的处理被称为**封装化**。只公开方法等使用者所需要的最低限度的接口，使用者只能通过接口进行访问（使用者只能访问公开的方法而无法直接访问其内部的字段）。如此一来，使用该类的程序就无须知道其内部的具体实现，如图5-36所示。

通过封装化，不仅可以**防止调用者对对象内的字段进行任意的访问**，而且**即使对象内部的数据结构发生变化也不会影响到调用者**。

虽然小规模的程序无法感受到多大的效果，但是在由多人参与开发的大规模程序中，由于其他人创建的类已作了封装化处理，因而可以放心地使用。

指定允许访问的范围

要实现封装化处理，就需要显式地指定哪些部分可以从外部进行访问，哪些只能从内部进行访问。为了达到这一目的，可以使用**访问修饰符**。很多面向对象的编程语言都提供了访问修饰符。为了允许用户对类和子类**指定允许访问的范围**，绝大多数编程语言都提供了下列3种修饰符，见表5-4。

- private：只能从现有类的内部进行访问。
- protected：只能从类的内部或继承的子类进行访问。
- public：可以从所有的类进行访问。

此外，Python和JavaScript中并不提供这样的指定功能。在Python中是使用“_”（下画线）来表示的。如图5-37所示，字段和方法在开头用两个下画线排列在一起，就相当于上述的private指定。

图5-36 **封装化示意图**

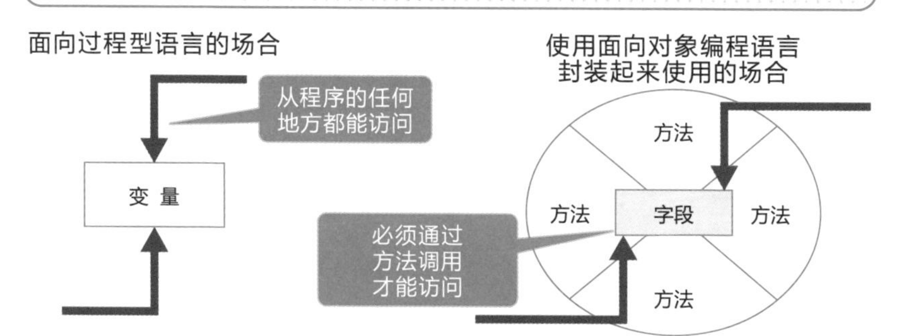

表5-4 **Java中的访问修饰符与可否访问**

访问修饰符	自　身	同一软件包	子　类	其他软件包
public	可以	可以	可以	可以
protected	可以	可以	可以	不可以
无指定	可以	可以	不可以	不可以
private	可以	不可以	不可以	不可以

图5-37 **Python 中的封装化**

```
class User:
    def __init__(self, name, password):
        self.name = name
        self.__password = password

u = User('admin', 'password')
print(u.name)                    // 可访问（输出admin）
print(u.__password)              // 无法访问（发生错误）
```

知识点

✐ 使用封装化后，即使内部数据结构发生变更，也不需要对调用者进行修改。

✐ 为了限制对类的内部字段进行访问，可以使用访问修饰符指定允许访问的范围。

创建相同名字的方法

在多个类中定义相同名称的操作

在面向过程型语言中，如果创建了多个相同名称的函数，那么程序就会不知道应当调用哪一个函数。但是，在面向对象编程语言中，则可以在多个类中使用相同名称对操作进行定义。

调用了相同名称的操作时，通过生成该对象的类可以执行不同操作的行为被称为**多态**。

例如，假设需要在具有继承关系的“书”和“CD”两个类中，分别对统计消耗完这些对象所需时间的“计算所需时间”操作进行定义。书的场合是计算读完一本书所需的时间，CD的场合是计算播放完一整张CD所需的时间。

此时，就可以在每个类中**使用相同的名称实现不同的操作**。从每个类中分别生成实例，并对每个实例执行“计算所需时间”处理，会得到不同的结果，如图5-38所示。

定义操作应对类的修改

在面向对象编程中，类必须具备的操作是作为**接口**进行定义的。在接口中，只负责对类所支持的操作进行定义，而该操作的具体实现则会交给各自的类去完成。也就是说，接口**只负责对操作进行定义，不负责对操作进行具体的实现**。

虽然不使用接口也能对类的操作进行定义，但当同时使用多个类时，我们就需要掌握每个类可以实现什么样的操作。

由于具有相同接口的类可以用相同的方式使用，因此对于**类的使用者而言，只需要与接口打交道就可以了**。这样一来，即便使用的类发生了变化，也可以简单地应对，进而编写出灵活性更高的软件，如图5-39所示。

图5-38 多态

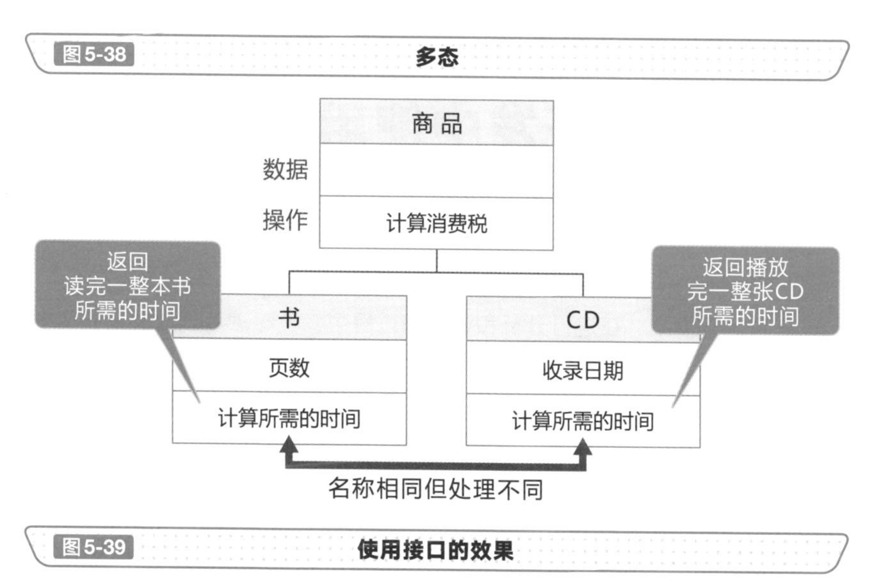

图5-39 使用接口的效果

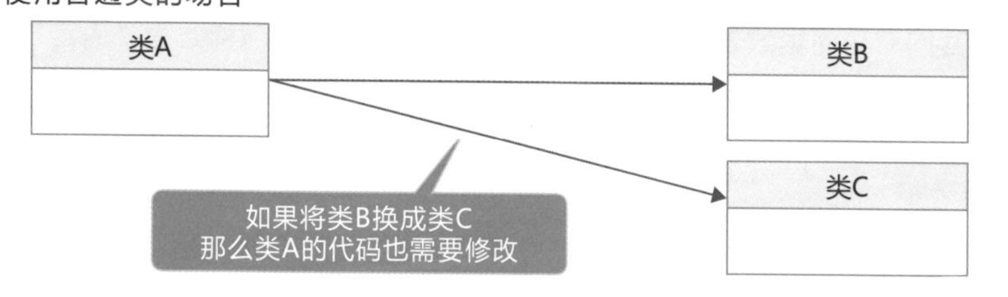

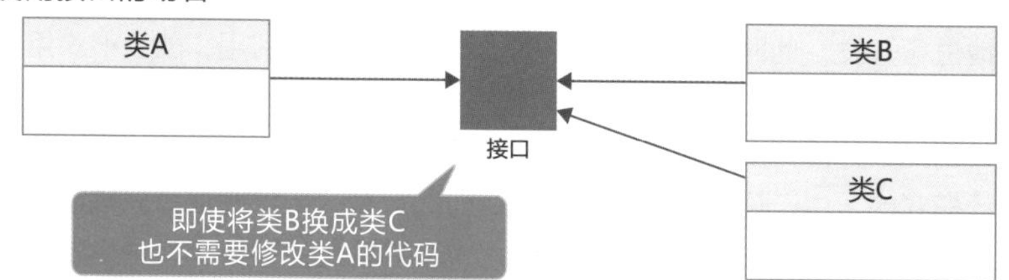

知识点

- 使用多态可以对不同的类中具有相同名称的不同方法进行处理。
- 使用接口有助于开发出更加易于修改设计式样的软件。

面向对象开发中使用的建模方法

统一设计中的表达方式

在系统开发中，在进行分析和设计的过程中，往往需要制作大量式样书等文档。这种情况下，虽然也可以只用文字来描述，但是为了确保采购方与开发者以及开发者之间能够顺利地沟通，就需要使用易于理解的表达方式。

之前通常会采用流程图、E-R图、DFD等方式进行描述，但是由于并没有以面向对象的概念来制作图表，因此也就无法使用统一的格式正确地传达面向对象的设计意图。

因此，后来就出现了UML（Unified Modeling Language，统一建模语言），如图5-40所示。正如其名称所示，使用这种语言是**为了防止由于人和语言的差异而导致理解上的偏差，统一表达方式**。虽然称之为“语言”，但是大部分都是以画图为前提，所以只要记住这些图形的含义，那么任何人就都可以很容易地对一个系统的开发达成共识。

浓缩了设计诀窍的设计模式

进行面向对象编程时，利用系统提供的类和库（参考6-2节）就可以高效地进行开发。此时，如果这些类的设计不方便再次利用，就会很难用，理解源代码也会花费更多的时间。

因此，针对开发者经常会面临的问题，经过整理的优秀设计中，是存在设计模式的。由于设计模式凝聚了前辈们的智慧，因此开发者**只需要参考这些设计模式，就可以高效地实现易于再次利用的优秀设计**。其中比较有名的就是GoF（Group of Four，四人组）的设计模式，如图5-41所示。

对于熟悉设计模式的技术人员来说，只要知道了设计模式的名称就能很快理解该设计的概要，因此可以有效地降低沟通成本。这样一来，就可以顺利地推进设计和开发。

图5-40 **UML的示例**

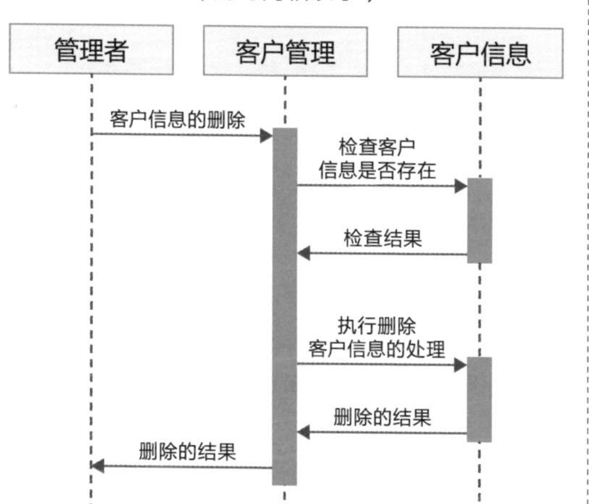

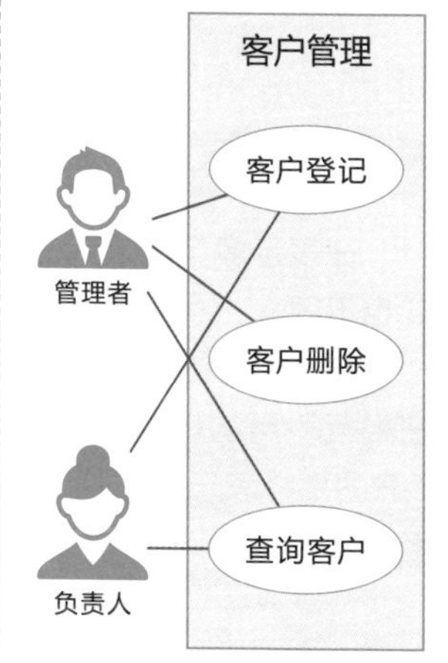

图5-41 **GoF的设计模式**

结构相关的部分	生成相关的部分	行为相关的部分
• Adapter	• Abstract Factory	• Chain of Responsibility
• Bridge	• Builder	• Command
• Composite	• Factory Method	• Interpreter
• Decorator	• Prototype	• Iterator
• Facade	• Singleton	• Mediator
• Flyweight		• Momento
• Proxy		• Observer
		• State
		• Strategy
		• Template Method
		• Visitor

✐借助于UML，可以通过图表来达成共识。

✐了解一些有名的设计模式，不仅可以实现“优秀的设计”，还有利于顺畅地沟通。

考虑多个对象之间的关系

表现实例之间的联系

在表示多个类之间的关系时，由于它们之间的关系不同，故而其表现形式也不同。

由类创建的实例之间的关系被称为相关性。相关性多用于类与类之间存在相互引用的场合，可以通过类之间的连线来表示。连线的两端能够如同E-R图那样表示多重性，可表示对于一个实例来说**可以连接到多少个类**，如图5-42所示。

"书是商品"是继承关系

类的继承概念中，较为容易理解的是泛化。泛化是指将各种类和对象中共同的性质集中到父类中进行定义。泛化是用白色中空的箭头表示的，如图5-43所示。

例如，在5-16节列举的书和CD的示例中，就是将作为共同性质的标题和价格定义到了父类中。可以说，继承是实现泛化的一种手段。这种关系通常被称为**is-a关系（A is a B）**。

"书店里有书"是包含关系

聚合是一种表示整体与部分之间关系的方法。聚合关系也被称为**has-a关系（A has a B）**。例如，可用来表示"书店里有书"这样一种关系。在这种情况下，即使包含的部分对象（书店）没有了，但包含在其中的对象（书）还会继续存在并发挥作用。

有时可将比聚合更加紧密的联系称为组合。在组合关系中，作为某个类的一部分，如果整体不存在了，那么被包含的这个部分也无法再继续发挥作用。

聚合以整体上使用菱形来绘制表示它们的关系，如图5-44所示。

图5-42 **相关性**

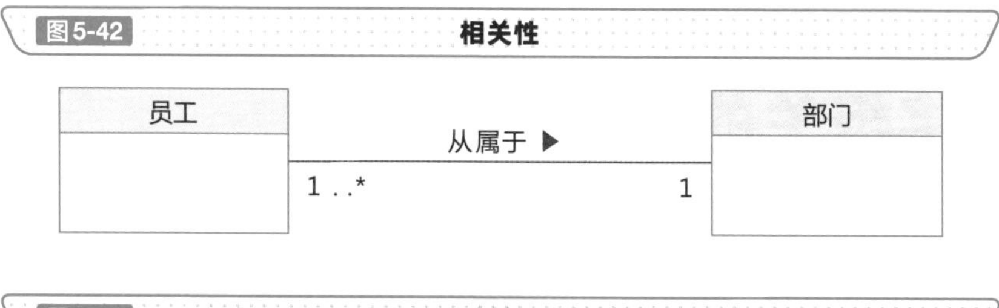

图5-43 **泛化**

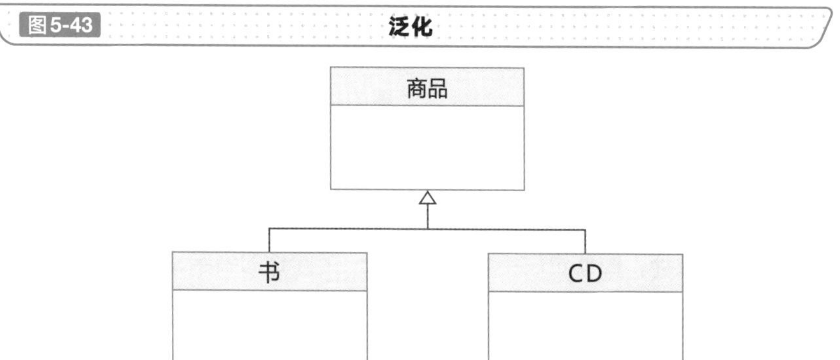

图5-44 **聚合与组合**

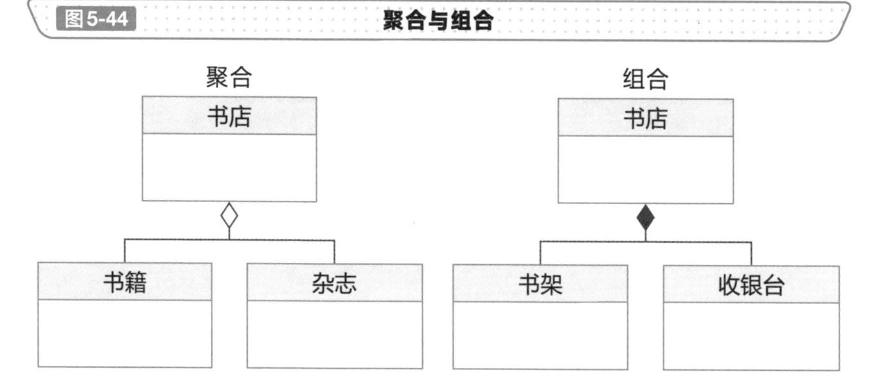

知识点

- 有了相关性，就可以将模型化的对象可视化。我们可以通过多重性迅速地把握类之间的约束。
- 泛化是找出共同的性质创建类，而聚合是找出整体与部分之间的关系来表现类之间的关系。

将相关的类集中在一起

避免命名冲突

即使是使用办公软件，当需要处理的文件越来越多时，也需要分成不同的文件夹来进行管理。同样的，当处理大量的类和源代码时，也需要将相关的类和源代码集中在一起进行管理。

命名空间是一种大多数编程语言都提供支持的功能，可以将与源代码相关的代码分类管理。使用命名空间，就可以实现**不与其他命名空间中的类名发生冲突的设计**，因此也就不需要为类取一个冗长的名字，如图5-45所示。与文件夹不同的是，可以使用任意的结构对其进行保存。

作为单体执行的程序单位

与命名空间概念相似的是模块。有些语言没有提供对命名空间的支持，只提供了模块功能。此外，可以被其他程序再次使用的模块有时也被称为模块。

通常情况下，可以单独运行的东西称为模块，不过有时也指允许其他程序调用的经过调整的东西，因此在实际中需要注意是在什么场景中使用模块这一称呼的。

方便使用的集中管理

由多个模块集中而成的东西被称为软件包。通常情况下，读取软件包就可以使用该软件包中包含的所有模块。可以把软件包想象成是一种**提供了各种便利功能的集合**，如图5-46所示。

此外，有时也将集中了大量软件包的集合称为软件库（参考6-2节）。例如，Python就提供了标准软件库和外部软件库，外部软件库在使用前需要单独安装。

图5-45　命名空间

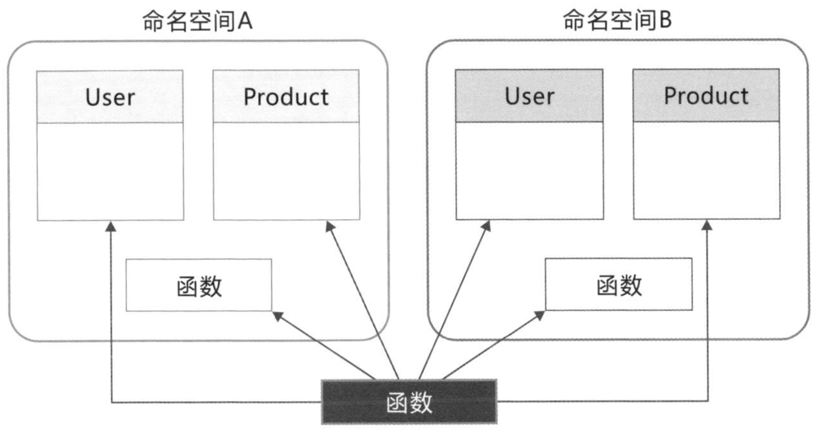

只要命名空间不同，即使类名、函数名相同也可以使用

图5-46　模块与软件包的关系

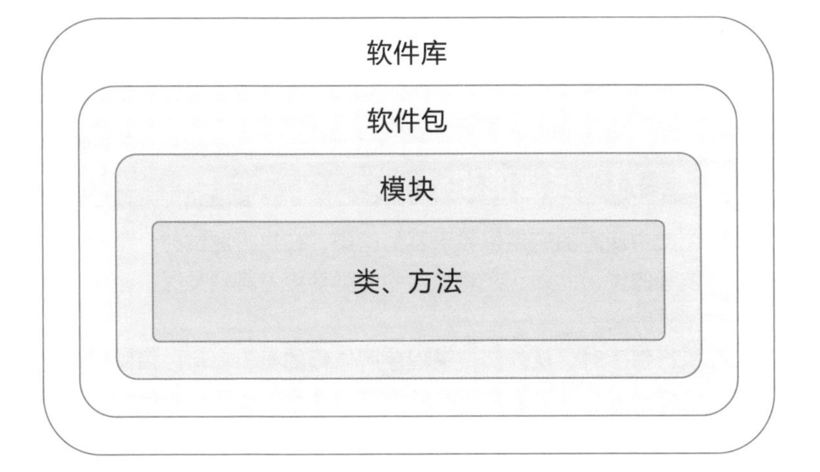

知识点

- 使用命名空间，就可以防止命名冲突。
- 使用模块和软件包可以对大量源代码进行统一管理。

解决面向对象中难以解决的问题

专注原始的处理

在面向对象编程中，是将数据和操作一体化的对象组合在一起实现的，而在现实中，如果是作为单一对象定义，就可能存在某些功能难以管理的问题。

经常被拿来举例的就是日志的输出。当确认方法的日志时，需要在每个方法中分别加入输出日志的代码，但是输出日志并不是这些方法本身期望实现的功能。类似这样的代码越多，那么用于实现原本期望实现的功能的代码就会变得难以阅读。

我们将除原始的处理之外，需要实现的通用处理称为横切关注；将这部分处理分离出来的方法称为**AOP**（Aspect Oriented Programming，面向切面编程）。使用AOP，就**可以在不改动源代码的情况下添加我们需要实现的处理**，如图5-47所示。

易于测试、对应灵活的设计

如果某个类中使用的变量依赖于其他的类，在执行测试时，就必须要提供该变量所依赖的类。此外，在将使用中的类变更为其他类时，也必须同时修改与该类相关的类。

如果在执行程序时，**从外部传递程序所依赖的类**，就可以消除类之间的依赖关系。这样一来，就可以使用哑元类轻松地测试代码。对使用中的类进行变更时，也不需要再修改其他类的代码，程序只需稍加修正即可。

像这样从外部传递类的做法被称为**DI**（Dependency Injection，依赖注入），如图5-48所示。在实际注入时，可以采用通过构造函数的参数传入的方法，或者使用任意的参数传入方法。此外，负责在应用中提供DI功能的框架（参考6-2节）称为DI容器。

图5-47 AOP（面向切面编程）

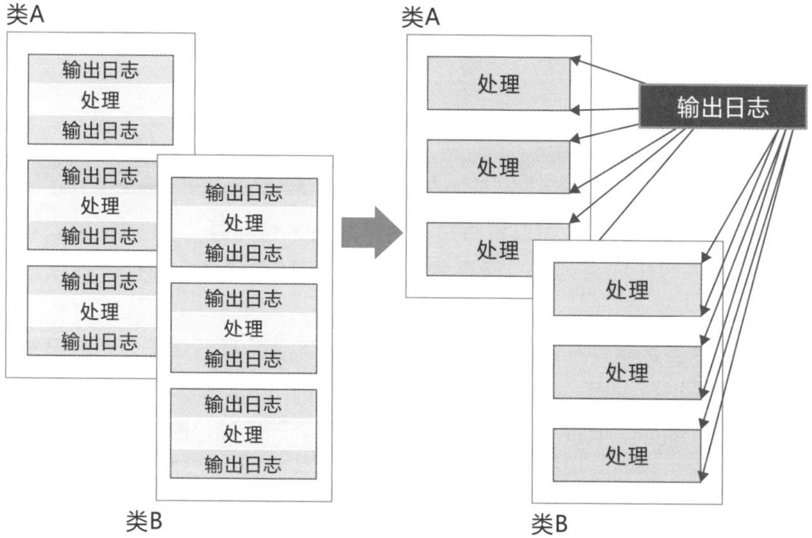

类A
输出日志
处理
输出日志
输出日志
处理
输出日志
输出日志
处理
输出日志
类B
输出日志
处理
输出日志
输出日志
处理
输出日志
输出日志
处理
输出日志
类A
处理
处理
处理
输出日志
类B
处理
处理
处理

图5-48 DI（依赖注入）

使用
类A
接口
类B
❶生成类A的实例
❷将类A的实例传递出去
DI容器

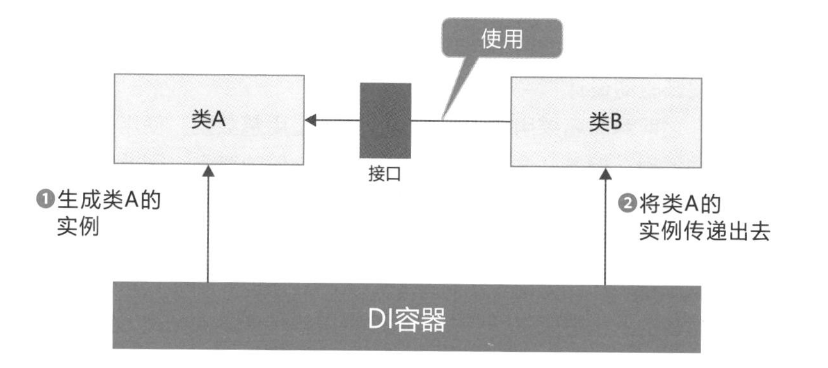

知识点

- 使用面向切面编程，可以将与原始处理不同的部分的源代码分离出来，从而能够专注于我们需要实现的功能。
- 使用DI的概念将需要处理的类的实例传递给使用方，可以减少式样变更所带来的修改相关代码的负担。

》使用客户和开发者的通用语言

在参与开发的所有人之间共享知识

开发软件的目的，可以说就是“为了解决某个问题”。此时，用软件实现的业务分野被称为领域，而开发就是对如何利用软件实现这一领域进行设计。

在绝大多数软件开发的工作现场，开发者和客户都习惯于使用自己熟悉的专业术语进行说明，都是采用自己容易实现的方式对部分功能进行变换来推进开发。因此，很容易出现客户无法理解系统的内容，而开发者也无法正确地把握客户的业务内容的情况。

如果能够使用客户和开发者都能够理解的通用语言来设计软件系统，那么不仅可以加深双方的理解，**功能的实现也会变得更容易，开发速度也将得到提高**。

此时，需要使用双方都能够理解的通用语言来建模。这一模型被称为领域模型。直接将其作为代码实现的设计方法被称为**DDD**（Domain-Driven Design，领域驱动设计）。

例如，之前商品名是用字符串类型、金额是用整数型，使用的都是编程语言的标准类型。但是，这样做可能会导致非法值的存入。因此，需要创建商品名类和金额类的**值对象**。把商品名和金额封装化后，就可以将影响降低到最小程度，从而保持语言和代码的一致性，如图5-49所示。

在开发过程中，如果由不了解业务知识的程序员，根据设计师设计整个系统后再创建的式样书来进行开发，就会变得像传话游戏一样，无法快速解决业务方面的问题。

为此，DDD以领域模型为中心，**将领域模型与代码一体化的同时反复促使其进化**，如图5-50所示。通常情况下，要实现这一开发模式，就需要建立可以应对变化的体制。除了需要采用面向对象设计之外，还需要采用敏捷式软件开发的体制来推进工作的开展。

图5-49 使用值对象的建模方式

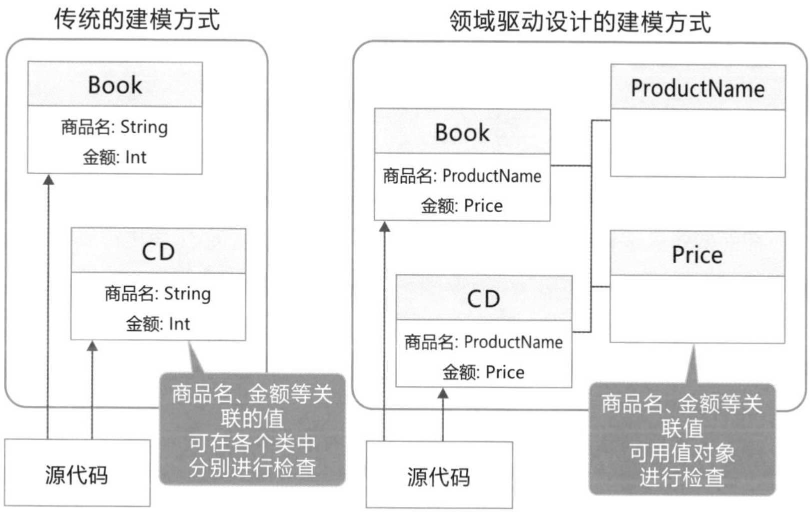

传统的建模方式
Book
商品名: String
金额: Int
CD
商品名: String
金额: Int
商品名、金额等关联的值
可在各个类中
分别进行检查
源代码
领域驱动设计的建模方式
ProductName
Book
商品名: ProductName
金额: Price
Price
CD
商品名: ProductName
金额: Price
商品名、金额等关联值
可用值对象
进行检查
源代码

图5-50 提取业务知识等领域

Model
View
Controller
Model
View
业务
领域
Controller

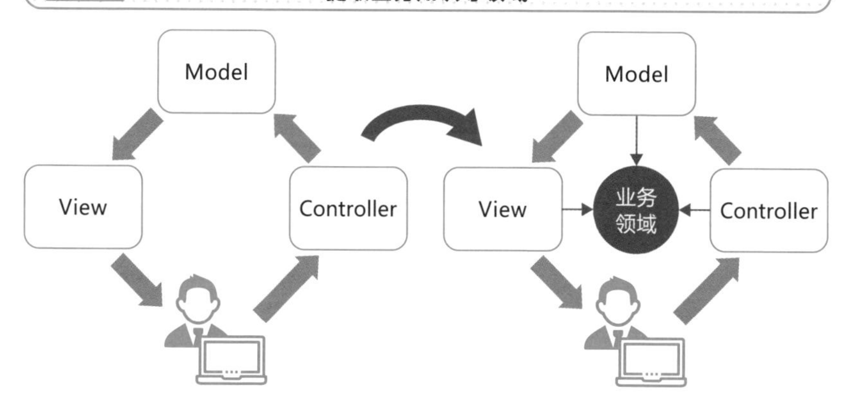

知识点

✐在领域驱动设计中，将业务中出现的语言（需要做的工作、需要实现的项目、需要知道的知识）作为类名和方法名使用，可以让客户和开发者都使用通用的语言进行沟通。

✐这不仅需要具备面向对象的思维方式，还需要建立敏捷式开发的体制。

对象的初始化和释放

生成对象时必然会被调用的“构造函数”

在面向对象编程中，由类生成实例时，可以认为是必然要执行某些处理的。这种情况下需要使用的是**构造函数**，该函数在生成实例时必定会被执行一遍，如图5-51所示。

构造函数所执行的处理，通常包括“为该实例中使用的数据分配内存”“对变量进行必要的初始化处理”等内容。

由于构造函数是在**生成实例时会自动被调用的函数**，因此程序员无须对其进行显式的调用。

此外，无须指定返回值也是其特点。由于构造函数是不返回返回值的函数，因此也无法返回处理结果。如果在构造函数内的处理中，发生了无论如何也避免不了的错误时，可以采用抛出异常等处理方法。

销毁对象时必然会被调用的“析构函数”

构造函数是生成实例时被调用的函数，与之相对的，实现销毁实例时必须被执行的处理所需要使用的则是**析构函数**。该函数在实例销毁时必然会被执行一次。具体示例如图5-52所示。

析构函数所执行的处理，包括将在该实例中动态分配的内存空间释放等内容。

由于析构函数是在**销毁实例时自动被调用的函数**，因此程序员无须对其进行显式的调用。

虽然在没有返回值这一点上与构造函数相同，但是对于析构函数内部可能发生的错误我们不需要编写任何相应的处理代码。

图 5-51　构造函数与析构函数

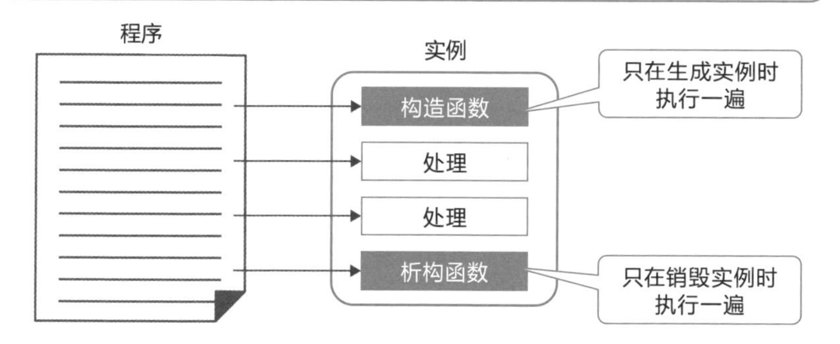

图 5-52　构造函数和析构函数的实现示例（Python）

```
> | product.py
class Product:
    def __init__(self, name, price): # 构造函数
        self.__name = name
        self.__price = price
        print('constructor')

    def __del__(self): # 析构函数
        print('destructor')

    def get_price(self, count):
        return self.__price * count

# 生成时自动调用构造函数
product = Product('book', 100)
print(product.get_price(3))
# 销毁时自动调用析构函数
```

知识点

- 构造函数和析构函数，分别是在生成和销毁实例时自动被调用的函数，因此程序员无须显式地调用。
- 通常会在构造函数中为实例分配需要使用的内存，并在析构函数中释放这些内存。

管理开发进度

将大的项目划分成小的任务

在系统开发现场，必须要对项目的推进状况进行管理。不过，针对大型的项目，要一下子对其整体进行统一的管理是很困难的。这时就需要将其划分成更小的单位来进行管理。

这种用于分解的单位被称为任务。以任务为单位对开发进度进行管理的方法中，较为常用的是WBS（Work Breakdown Structure，工作分解结构）。在WBS中，可以将每个工程都**划分成大、中、小单位并排列成树形结构**。有时也将分配了开始时间和负责人的每个任务按照时间序列排列而成的甘特图（工程表）等文档包括在WBS的范畴中，如图5-53所示。

根据成本管理进度

除了根据时间管理进度的WBS外，还有根据成本进行判断的EVM（Earned Valuc Anagement，挣值管理）。

例如，假设一名每天工资为1000元人民币的工程师，花费4天时间完成了某项任务。如果这4天只专注于完成一项任务，那就是1×4 = 4000元人民币。但是，由于这名工程师还要同时兼顾其他工作，假设这次的任务每天只花费一半的时间，那么此项任务的费用就是1×4÷2 = 2000元人民币。

综上所述，不能单纯地对是否按照日程安排完成任务进行计算，还需要考虑开发中所花费的成本。

在EVM中，是**通过EV、PV、AC、BAC这4个指标进行管理，并分别通过图表进行显示**的。看到这个图，我们就可以判断任务是否有延期，成本是否超过预算。如图5-54所示，可以看到到中途为止的工作是按照日程安排顺利推进的，但是之后虽然花费了成本，但进度却迟迟无法跟上。此外，当EV低于PV时，我们可以通过计算使用相同金额可到达的区间的偏差来预估到工作完成时的日程安排。

图5-53 WBS与甘特图的示例

大项目	中项目	小项目	负责人	开始日期	结束日期	工时	1	2	3	4	5	6	7	8	9	10	11	12	13	114	…
需求定义	系统	制定需求定义文件	A	4月1日	4月5日	每日5人															
		审核需求定义文件	B	4月8日	4月10日	每日3人															
	系统	制定需求定义文件	C	4月1日	4月3日	每日3人															
		审核需求定义文件	B	4月4日	4月5日	每日2人															
设计	系统	基本设计	D	4月11日	4月17日	每日5人															
		审核基本设计	E	4月18日	4月19日	每日2人															
		详细设计	F	4月22日	4月30日	每日7人															
		审核详细设计	E	5月1日	5月2日	每日2人															
	系统																				
实现	系统	创建XXX画面	G	5月6日	5月10日	每日5人															
		创建YYY画面	G	5月13日	5月17日	每日5人															
		创建ZZZ画面	G	5月20日	5月24日	每日5人															

WBS工作分解结构图　　　　　　　　甘特图

图5-54 EVM的示例

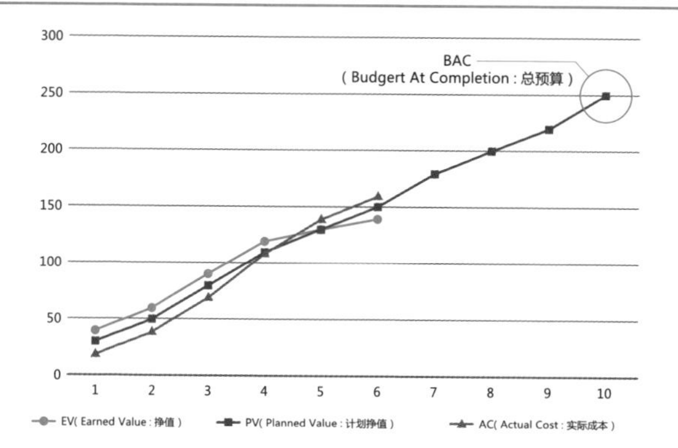

知识点

✎使用WBS，可以明确必须执行的任务，轻松地进行日程管理和任务分配。

✎使用EVM，可以客观地把握项目的开发进度，提升工作计划的精确性。

开始实践吧

尝试编写测试代码

虽然在第4章的“开始实践吧”中曾对一个ISBN的校验码进行了计算和确认，但是这并不代表使用这种方式对其他的ISBN也同样能计算出正确结果。

鉴于此，可以尝试为第4章的“开始实践吧”中的check_digit程序创建执行单元测试的程序。在Python中提供了名为unittest的用于单元测试的标准模块。下面将尝试使用这个模块编写测试代码，并进行自动测试。

要使用unittest模块，需要在代码的开头处导入unittest。然后，创建继承自unittest.TestCase类的类，并在其中编写测试用例。这里创建名为TestCheckDigit的类。最后，调用名为unittest.main()的方法。

> test_check_digit.py

```
import unittest
from check_digit import check_digit

class TestCheckDigit(unittest.TestCase):
    def test_check_digit(self):
        self.assertEqual(7, check_digit('9784798157207'))
        self.assertEqual(6, check_digit('9784798160016'))
        self.assertEqual(0, check_digit('9784798141770'))
        self.assertEqual(6, check_digit('9784798142456'))
        self.assertEqual(2, check_digit('9784798153612'))
        self.assertEqual(4, check_digit('9784798148564'))
        self.assertEqual(9, check_digit('9784798163239'))


if __name__ == "__main__":
    unittest.main()
```

执行这一程序之后，屏幕上就会显示测试结果。如果结果不一致，就表示测试失败。请修改check_digit 的程序，并确认测试结果会如何发生变化。

第6章

Web技术与安全——理解Web应用的实现技术

» 了解Web基础知识

用标签将内容括起来的HTML

HTML（HyperText Markup Language，超文本标记语言）是用于编写Web网页的编程语言，其功能包括“将某一Web网页链接到其他的Web网页”“将图像、视频、声音嵌入Web网页中”等，其特点是可以根据指定的文本格式来显示网页内容。

在HTML中，Web网页是由标题、段落、表格、列表等元素构成的。要指定元素，就需要使用标签。不仅可以在开始标签和结束标签之间填写元素，还可以在**开始标签中设置该元素的属性和值**。

例如，使用Web浏览器打开如图6-1（a）所示的HTML文件，就可以看到如图6-1（b）所示的Web页面。这个HTML文件是按照图6-2所示的层次结构描述文章的结构。

每当我们在Web浏览器上单击链接或者输入URL时，Web浏览器的后台都会从Web服务器获取HTML文件，并不断将获取的文件显示到Web浏览器中。

浏览Web网站时使用的协议

Web浏览器和Web服务器之间传输文件内容所使用的协议是HTTP（HyperTextTransfer Protocol，超文本传输协议）。该协议规定了HTML文件、图像文件、视频文件、JavaScript程序、负责外观设计的CSS文件等的传输方法。

文件的传输是通过**由Web浏览器发送的HTTP请求**和**Web服务器针对该请求所发出的HTTP响应**实现的。在将获取文件的方法和获取文件的相关信息作为HTTP请求传递给服务器后，HTTP响应后就会返回表示处理结果的状态码和应答的内容，如图6-3所示。

图6-1 HTML文件的示例

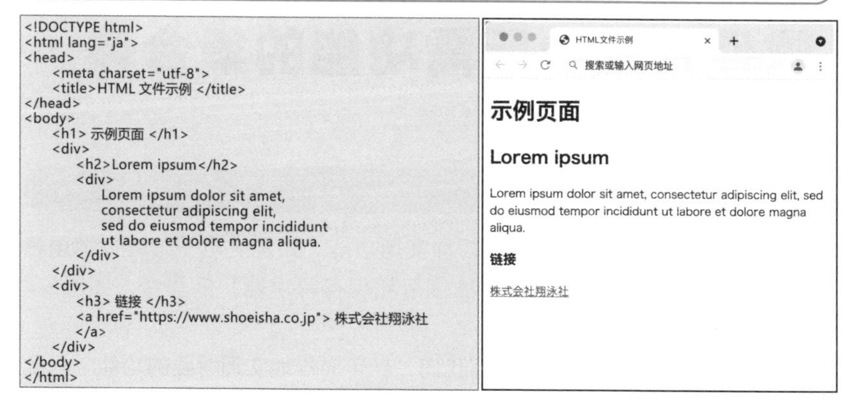

```
<!DOCTYPE html>
<html lang="ja">
<head>
    <meta charset="utf-8">
    <title>HTML 文件示例 </title>
</head>
<body>
    <h1> 示例页面 </h1>
    <div>
        <h2>Lorem ipsum</h2>
        <div>
            Lorem ipsum dolor sit amet,
            consectetur adipiscing elit,
            sed do eiusmod tempor incididunt
            ut labore et dolore magna aliqua.
        </div>
    </div>
    <div>
        <h3> 链接 </h3>
        <a href="https://www.shoeisha.co.jp"> 株式会社翔泳社
        </a>
    </div>
</body>
</html>
```


(a) HTML文件　　(b) 在Web浏览器中显示

图6-2 HTML的层次结构

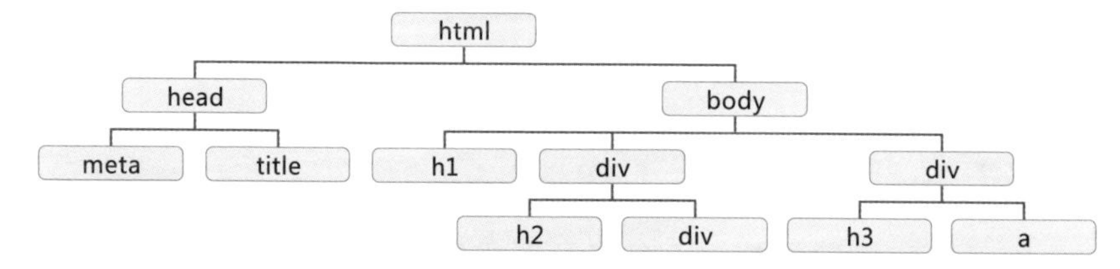

图6-3 具有代表性的状态码

状态码	内　容
100	信息（处理中）
200	成功（已被受理）
300	已经重定向
400	客户端的错误
500	服务器端的错误

状态码	内　容
200（OK）	没有问题，顺利执行
301（Moved Permanently）	请求的文件已经被永久地移动到了其他位置
401（Unauthorized）	需要认证
403（Forbidden）	拒绝了请求
404（Not Found）	没有找到该文件
500（Internal Server Error）	因错误导致服务器端的程序无法运行
503（Service Unavailable）	Web服务器超载，无法处理请求

知识点

- 在Web浏览器中打开使用HTML 创建的Web网页，就会看到经过排版后的内容。
- Web浏览器和Web服务器之间的传输使用的协议是HTTP 。

» 软件开发中所需功能的集合体

实用功能的集合——库

库是在大量程序之间通用的各种实用功能（如发送电子邮件、记录日志、数学函数、图像处理、文件的读取和保存等功能）的集合，如图6-4所示。

借助于库，**无须从零开始编写代码，就可轻松地实现需要的功能**。只要提供了库，就可以在多个程序间共用，从而有效地节省内存和硬盘空间。

DLL（Dynamic Link Library，动态链接库）是一种在程序执行过程中动态地链接到库的方法。如果使用DLL，只要对库进行更新，就可以升级软件的功能。

集中提供开发所需的资料

除了库和接口之外，还有**将示例代码和文档也一起打包**的SDK（Software Development Kit，软件开发工具包）。SDK是由编程语言和操作系统的开发商或销售商提供给软件开发过程中使用该系统的开发者的。

当开发者使用发布的SDK开发出优秀的软件时，就有望促进该系统的普及，吸引更多的用户使用该系统。

软件的基石

可应用于大量软件开发中，**将通用功能作为基础平台提供给开发人员使用的可重用设计或应用骨架**称为框架（Framework）。开发者在框架的基础上开发自己的专有功能，能够有效地提高开发效率。

如果开发者没有做出任何指示，库是不会做任何操作的，但是如果使用框架，即使没有编写一行代码也能实现一定程度的功能，如图6-5所示。当然，也可以通过调用库的方式来添加自己独有的功能。

图6-4 库

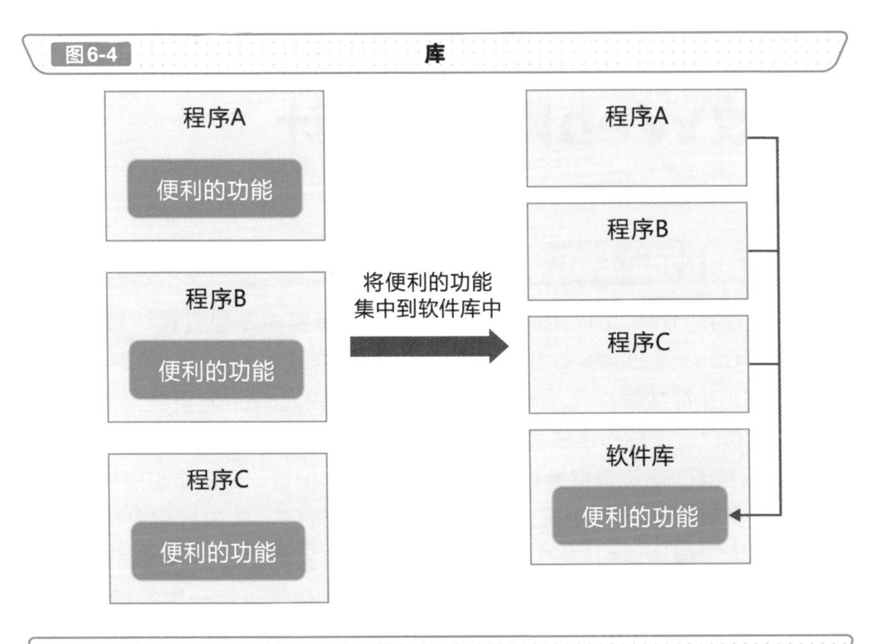

图6-5 框架与库的区别

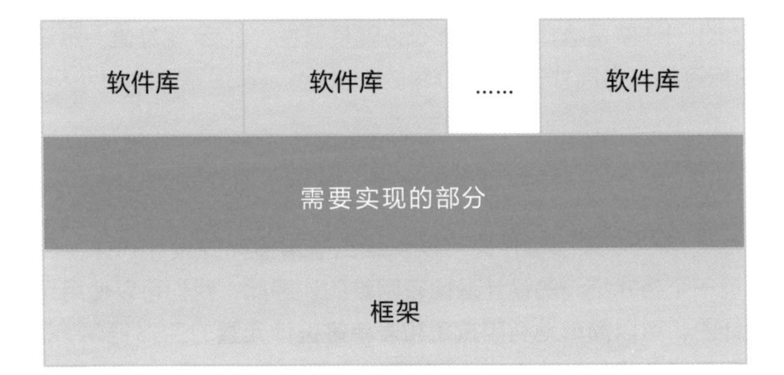

知识点

- 使用库，不仅可以非常轻松地利用各种便利的功能，还能更加有效地利用内存和硬盘空间。
- 如果使用框架，就可以利用大量软件中都在使用的机制。

» 更改Web网站的设计

为HTML元素指定设计式样

虽然使用HTML可以定义文章的结构，但是其中不包含设计相关的信息。此时CSS（Cascading Style Sheets，层叠样式表）就派上了用场，可以用它对HTML文章指定设计式样。由于可以决定Web网页的外观风格，因此，它有时也被称作格式表。

如果使用CSS设置背景色、文字颜色、元素配置，即使是相同的HTML文件，在外观上也会产生很大的变化。也可以将CSS的内容写进HTML文件，但是为了保持结构与设计式样的分离（为了美观），大多数情况下都应该将它们保存在不同的文件中。将它们分开保存就可以**一次性设置多个HTML文件的设计式样**，如图6-6所示。

CSS是通过选择器、属性和值来编写代码的。例如，写成h1{font-size:20px;}，h1就是选择器、font-size就是属性、20px就是值，意思是将名为h1的标签的文字尺寸设置为20px。

轻松实现美观的设计

虽然使用CSS来编写代码可以创建出非常漂亮的设计式样，但是初学者要实现一个格式统一的设计是比较困难的。因此，我们可以使用无须从零开始设计的，可以**简单地利用按钮和表单等设计元素**的CSS框架。表6-1中展示的就是具有代表性的CSS框架。

最近，无论是在个人计算机还是智能手机上，只要使用一份源代码，能制作出精美的响应式设计网页的框架也越来越多。

使用CSS框架可以快速地设计Web网页，不仅非常方便，而且代码的可维护性也比较高。不过，使用了相同的CSS框架的Web网页可能会变成相似，难以体现出独特性。

图6-6 将HTML文件与CSS等组合起来创建Web网页

woman.html

```
<!DOCTYPE html>
<html>
    <head>
        <meta charset="utf-8">
        <title> 显示女性的图片 </title>
        <link rel="stylesheet" href="woman.css">
    </head>
    <body>
        <h1> 正在敲键盘的女性 </h1>
        <img src="woman.png" alt="女性">
    </body>
</html>
```

woman.css

```
body {
    margin: 0px 10px;
}
h1 {
    border-left: 1em solid #ff00ff;
    border-bottom: 1px solid #ff00ff;
}
```

woman.png

表6-1 常用的CSS框架

名　称	特　　点
Bootstrap	功能丰富，是CSS框架中标准框架般的存在
Semantic UI	提供了大量主题，能够体现出独创性
Bulma	简单易学，人气暴涨中
Materiarize	符合谷歌的Material Design规范
Foundation	和Bootstrap一样具有丰富的功能
Pure	是由雅虎开发的超轻量框架
Tailwind CSS	只需向HTML元素中添加类就可以自定义设计
Skeleton	仅提供最基本式样的框架

知识点

- 通过分离HTML和CSS，可以分别对结构和设计进行独立管理。
- 使用CSS框架，可以轻松地实现美观的设计。

» 识别同一个用户

识别来自同一个终端的访问技术

使用HTTP访问Web服务器时，会反复地执行页面的迁移和图像的读取等通信处理，而不同的通信都是使用不同的方式进行处理的。因此服务器端就不需要对每个终端的状态进行单独管理，可以降低服务器的负载。

另外，由于**服务器端无法判断访问是否都来自同一终端**，因此在构建网上购物这类网站时，就需要采用一些特别的管理方法。

对于这种情况，可以使用名为Cookie的机制来管理，如图6-7所示。Web服务器不仅会返回请求的内容，还会将生成的Cookie一同返回，而Web浏览器则会将该Cookie保存下来。之后，每次访问Web服务器时，Web浏览器都会将Cookie发送给服务器。而Web服务器端，则会对发送回来的**Cookie的内容进行检查，或者将Cookie的内容与服务器端保存的信息进行比较**，以判断访问其是否是来自相同的客户端。

管理来自同一个用户的访问

虽然使用Cookie可以发送各种不同的信息，但若是每次都需要发送个人信息，安全方面可能会存在问题，且通信量也会随之增加。因此，通常我们只会发送ID。由于这个ID是由服务器端进行管理的，因此可用于识别每次通信的对象。像这样对同一使用者进行识别的机制被称为会话，使用的ID被称为会话ID。

除了使用Cookie的方法之外，可以实现会话机制的方法还包括在URL中加上ID进行访问的方法，以及使用表单的隐藏字段等方法，如图6-8所示。

如果使用很有规则的会话ID，很容易被**他人冒充**，因此必须使用随机的值或者对ID进行加密。

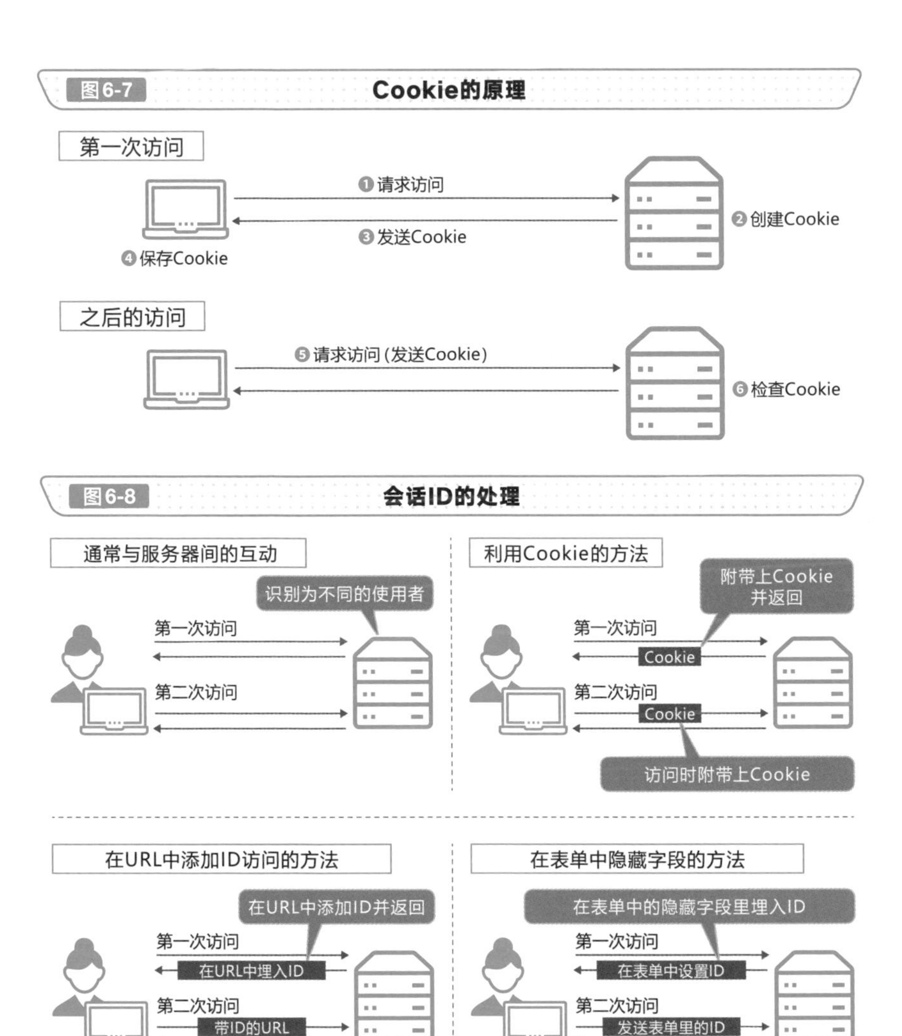

知识点

✐使用HTTP发送信息的Web浏览器会为了让Web服务器端确认是否为同一使用者而使用Cookie机制。

✐要识别同一使用者，除了可以使用Cookie之外，还可以使用其他不同的方法，但是需要防范被他人冒充。

在互联网上提供服务

根据用户显示变化的内容

就像企业的Web网站一样，无论浏览网站的用户是谁、在什么时候访问，**总是显示相同的内容**，这样的网站被称为**静态Web网站**；与此相对，用户可以发帖，**不同的人登录后会显示不同内容**的网站则被称为**动态Web网站**，如图6-9所示。

搜索引擎、社交媒体、购物网站等都是动态Web网站。要动态地生成Web网页，就需要在Web服务器上执行程序。因此，在Web服务器上运行，并**返回HTML等结果的程序**被称为Web应用。

动态Web网站会根据访问用户的不同来显示不同的内容，与静态网站相比，Web服务器需要承载更多的负荷。此外，如果存在漏洞，则可能存在信息泄漏、病毒感染、冒充他人等风险。如果公开，就需要留意安全方面的问题。

与Web应用之间的接口

在Web应用的开发中，经常会用到PHP、Ruby、Python、Java等编程语言。**CGI**（Common Gateway Interface，通用网关接口）作为操作这些Web应用的方法，一直沿用至今。

CGI是Web服务器用于执行程序的接口，可以**从静态Web网站调用动态Web应用**。但是，由于每次调用都需要启动进程，因此会花费一些时间载入。

最近越来越多的人选择通过Web服务器内的进程执行Web应用的方法，如图6-10所示。这样一来，就可以实现比较高速的处理，而且还可以降低服务器的负载。

图6-9 **Web应用的特点**

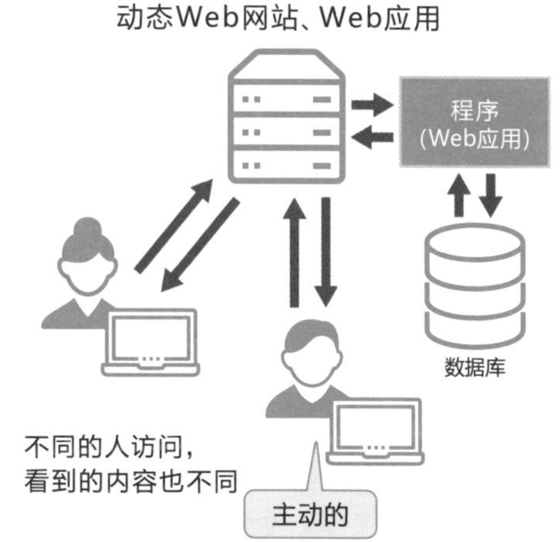

图6-10 **CGI与服务器中进程的不同**

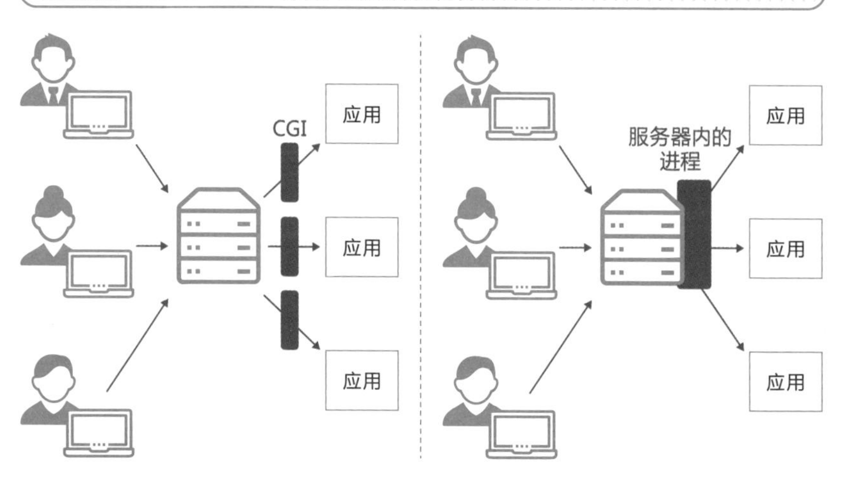

知识点

- 静态Web网站是无论谁访问都会显示相同的内容，动态Web网站则会根据用户的输入内容等改变显示内容。
- 执行Web应用时，以往都是使用CGI，但是最近选择通过Web服务器内的进程执行的方法也在增加。

划分GUI应用的功能

根据代码的功能进行划分

开发Web应用和桌面应用等需要处理GUI的应用时，经常会遇到设计变更的问题。如果是小规模的程序，从输入的处理到数据的保存、输出，只使用一份代码来实现，几乎不会有什么问题。

但是，当规模越来越大时，就会有其他开发者和设计师等人参与进来。此时，如果只用一份代码进行管理，当设计师想要稍微修改一下设计时，就需要修改包含保存更改数据等部分的源代码。

此外，程序员只是修改一下处理内容也可能会影响到设计。为了避免发生这种情况，常用的做法是将源代码分成**Model（模型）、View（视图）、Controller（控制器）来开发**（取各自的首字母称为MVC），如图6-11所示。

采用MVC创建的框架被称为MVC框架。Web应用中较有代表性的MVC框架有Ruby的Ruby on Rails、PHP的Laravel和CakePHP等。

MVVM与MVP

最近出现了“希望对某个项目的改动能立即反映到画面中”，或者“希望修改了数据库中的内容后，能在画面中反映出数据的变化”等双向联动的需求。

要实现此类需求，可以采用**将模型或视图中更新的数据反映到另一方中的**View Model。如图6-12所示，这是一种将View和Model联系在一起的方法，取各自的首字母称为MVVM。

除此之外，还可以使用MVP（见图6-13）等方法。

图6-11 MVC

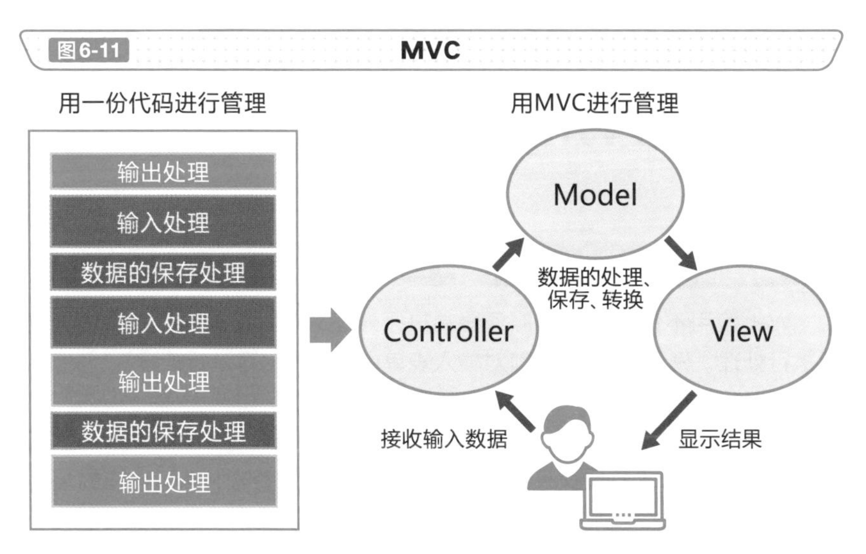

图6-12 MVVM

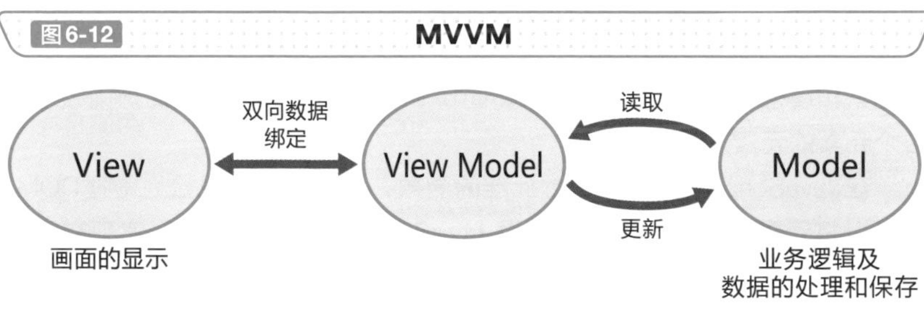

图6-13 MVP

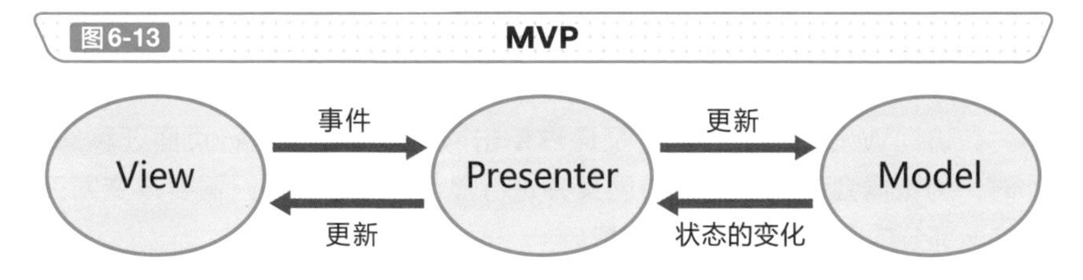

- 在Web应用的开发中，使用MVC可以明确操作的分工，有望提升开发效率。
- 与MVC一样，MVVM和MVP也是划分角色的方法。

» 操作HTML的元素

在程序中用树形结构访问HTML元素

Web应用不仅需要Web服务器端执行处理，有时也需要在Web浏览器端执行处理。例如，“发送之前对输入表单中的输入内容进行检查”“动态地增减项目数量”等处理。

可以在Web浏览器上执行的编程语言是JavaScript，很多Web浏览器都支持这一语言。要操作HTML元素，就需要使用管理HTML结构的API，而实现这一处理的就是**DOM**（Document Object Model，文档对象模型）。

有了DOM，就可以按照如图6-14所示的树形结构对HTML等文档进行处理。要动态地修改Web浏览器中的显示画面，就需要动态地修改HTML的元素和属性，因此DOM提供了如图6-14所示的、按顺序遍历访问映射到各个元素的元素方法。

在JavaScript中提供了这类标准的函数，不仅可以很轻松地管理DOM，还可以将**元素、属性、文本等作为JavaScript的对象来操作**，实现交互式的处理。

与Web服务器进行异步通信

在访问Web网站时，通常是通过单击网页中的链接进行页面迁移的。此时，浏览器会读取整个Web网页并进行显示，但是如果只需要改变网页中的一部分内容，这样做就很浪费。

此时可以使用在执行操作时不迁移页面，与Web服务器异步地进行HTTP通信，动态地修改网页内容的方法，也就是所谓的**Ajax**（Asynchronous JavaScript+XML），如图6-15所示。

其中，“异步”是非常重要的概念，它意味着**在与服务器传输信息的过程中，使用者可以同时对页面内其他部分进行操作**。利用Ajax技术，在每次切换页面时，浏览器完全读入网页之前的等待时间会大幅缩短。

图6-14 HTML的结构与DOM中的移动操作

html
head
body
meta
title
h1
div
div
h2
div
h3
a
parentNode
nextSibling
previousSibling
firstChild
lastChild
移动到连接的节点上

图6-15 Ajax中的异步通信

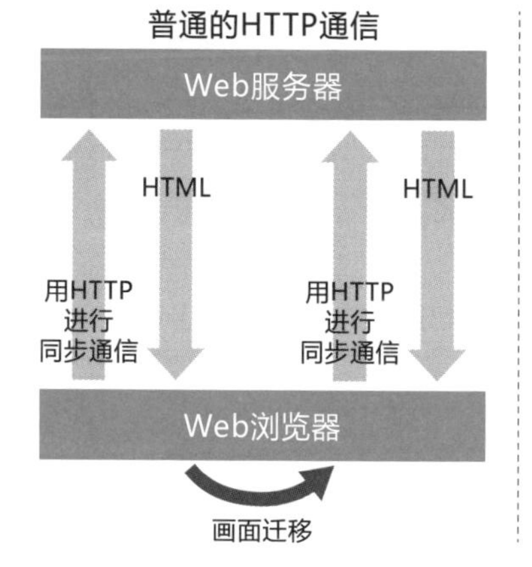

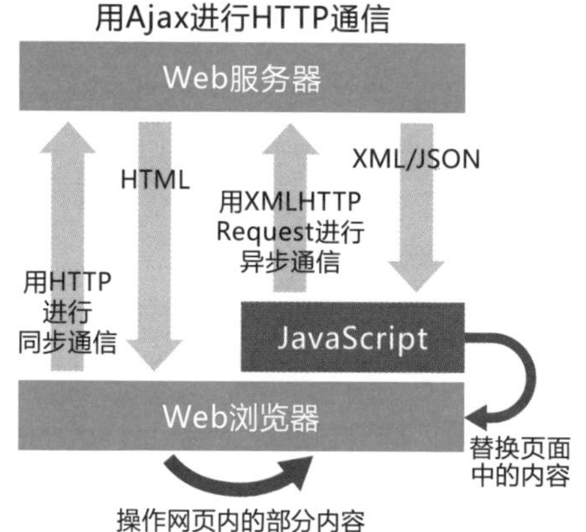

知识点

- 在Web浏览器中操作HTML的元素，经常会使用JavaScript操纵DOM的方法。
- 与Web服务器进行异步通信，动态更新网页中部分内容的方法被称为Ajax。使用这一方法可以提升用户体验。

» 在Web浏览器中轻松实现动态控制

几行代码即可实现快速开发的jQuery

虽然使用JavaScript的人有很多，但是为了提升开发效率，将库和框架结合起来使用的案例也在增加。其中，jQuery就是一个流行了很长时间的库。如果只使用标准的JavaScript来实现，需要编写大量的代码才能完成处理，而**使用jQuery只需几行代码就能实现**相同的功能（见图6-16）。

例如，在不切换页面的情况下异步地与Web服务器进行通信，动态修改网页中的一部分内容的Ajax式的处理，使用jQuery可以很轻松地实现，开发效率得到了显著的提升。

使用虚拟DOM的React、Vue.js

在Web浏览器中，一般是操作DOM处理HTML中的元素的。当处理变得复杂时，管理起来就会比较麻烦。此时可以使用名为虚拟DOM的，**操作虚拟的内存空间，实现高速处理HTML元素的方法**，如React和Vue.js等，如图6-17所示。

React是由Facebook开发的库，常用于大规模的应用。使用它不仅可以开发Web应用，还可以开发手机应用，如开发的React Native等框架就极具人气。

此外，Vue.js也非常受欢迎。不仅相关资料多，易于学习，而且由于还是易于使用的简单框架，因此可以往现有的项目中一点一点地导入。运用了Vue.js的Nuxt.js的发展也很引人注目。

流行的框架和库

Angular是一种使用在JavaScript中导入了类型概念的TypeScript的语言的框架。它是由谷歌开发的框架，在很多Web应用中都得到了应用。

适合于小规模项目的开发，而且可以作为简单的轻量库使用的Riot也得到了业界的关注。由于学习成本很低，因此可以很轻松地导入。

图6-16 使用框架和库的效果（例：jQuery）

```
let button = document.getElementById('btn')
button.onclick = function(){
    let req = new XMLHttpRequest()
    req.onreadystatechange = function() {
        let result = document.getElementById('result')
        if (req.readyState == 4) {
            if (req.status == 200) {
                result.innerHTML = req.responseText
            }
        }
    }
    req.open('GET', 'sample.php', true)
    req.send(null)
}
```

如使用jQuery...

```
$('#btn').on('click', function(){
    $.ajax({
        url: 'sample.php',
        type: 'GET'
    }).done(function(data) {
        $('#result').text(data)
    })
})
```

图6-17 特点的比较

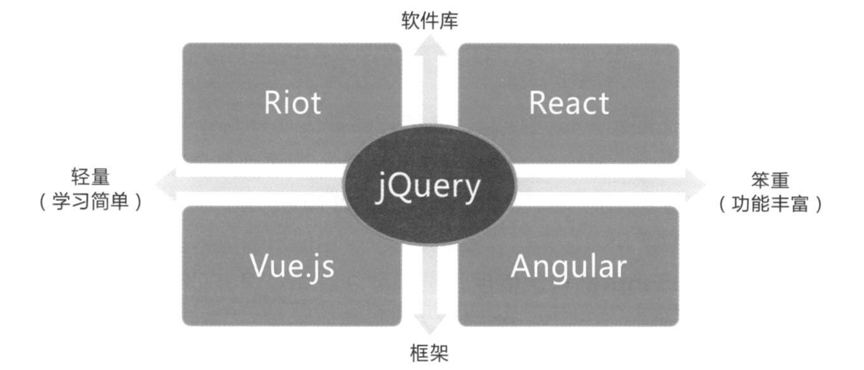

知识点

- 使用JavaScript的框架和库，就可以轻松、便捷地编写在Web浏览器中执行的操作。
- 现在，比jQuery使用更为方便的框架和库，如Angular、Riot等也人气暴涨。

» Web中常用的数据格式

类似HTML的标签格式

常见的CSV（Comma Separated Value，字符分隔值）是一种将数据以文本形式保存的格式。由于使用逗号就能隔开数据，因此使用表格计算软件可以很轻松地处理数据。在CSV中，除了可以在标题中指定列的名称之外，其中并不包含与数据结构有关的信息。

因此，人们就开始思考更便于程序处理的数据格式。例如，XML（eXtensible Markup Language，可扩展标记语言）就是一种使用与HTML标签相似的方法来存储数据的格式。在XML中，**除了标签的名称之外，还可以设置属性**。它不仅可以用于保存数据，还可用于编写设置文件，如图6-18所示。

程序处理也很方便的格式

XML虽然使用起来很方便，但是数据需要夹在开始标签和结束标签之间，因此所需的代码量较多，且可读性也较差。下面接着介绍一种结构简单且常用的数据格式：JSON（JavaScript Object Notation，JS对象简谱）。

正如其名称所示，它是可以在JavaScript中使用的数据表示方法，**可以直接作为JavaScript的对象使用**。最近可以简单处理JSON格式的编程语言的数量也在增加，因此这一格式被大量程序所采用。

使用缩进的格式

YAML（YAML Ain't a Markup Language，YAML不是一种标记语言）是一种与JSON相似的表示法，比XML的代码更加简洁。由于是**使用缩进来表示层次的格式**，因此具有便于被人类理解和记忆的特点。

虽然在JSON中无法添加注释，但是在YAML中却是可以的。由于YAML规范中只对格式进行了定义，因此还需要另外准备用于处理的库。

lint是用于验证数据格式是否合法的工具，如图6-19所示。

图6-18 **数据格式的比较**

CSV格式示例

```
书名,价格,出版社
完全图解计算机安全原理,1680元,株式会社翔泳社
IT术语图鉴,1800元,株式会社翔泳社
...
```

JSON格式示例

```
[
    {
        "书名": "完全图解计算机安全原理",
        "价格": 1680元,
        "出版社": "株式会社翔泳社"
    },
    {
        "书名": "IT术语图鉴",
        "价格": 1800元,
        "出版社": "株式会社翔泳社"
    }
    ...
]
```

XML格式示例

```
<?xml version="1.0"?>
<books>
    <book>
        <书名>完全图解计算机安全原理</书名>
        <价格>1680元</价格>
        <出版社>株式会社翔泳社</出版社>
    </book>
    <book>
        <书名>IT术语图鉴</书名>
        <价格>1800元</价格>
        <出版社>株式会社翔泳社</出版社>
    </book>
...
</books>
```

YAML格式示例

```
- 书名: 完全图解计算机安全原理
  价格: 1680元
  出版社: 株式会社翔泳社
- 书名: IT术语图鉴
  价格: 1800元
  出版社: 株式会社翔泳社
...
```

图6-19 **验证数据格式的lint**

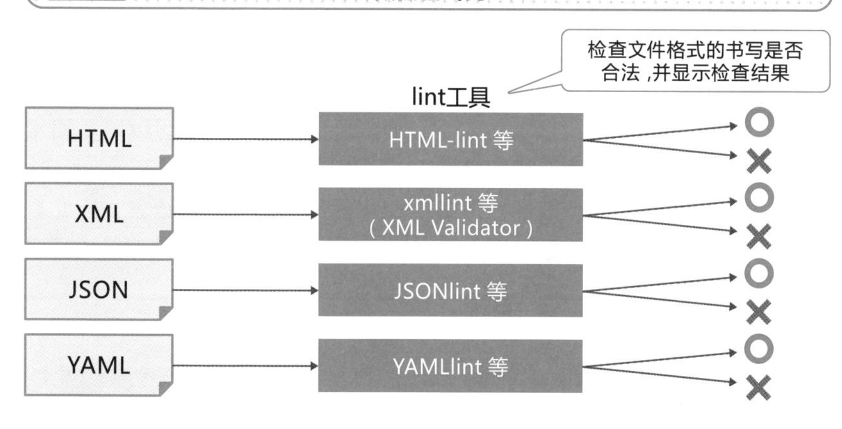

知识点

- 将数据以文本形式保存的格式包括CSV、XML、JSON、YAML等。
- lint是用来验证数据格式是否合法的工具。

》用统一的方式处理数据

对数据进行统一管理

在日常工作、生活中，有大量的数据需要保存到文件中，如文本、图像，以及Word和Excel等软件的数据。但是，如果大量的数据由多个人一同使用，久而久之就会弄不清楚是谁将数据保存到了什么地方。虽然也可以使用文件服务器来管理，但是多人同时使用时可能会发生无法访问和无法更新的问题，也可能会因为使用上的疏忽而导致错误地将文件保存的问题。

因此，那些对于企业而言非常重要的数据，通常会使用数据库**对数据进行统一管理**。

不光是数据操作，还包括数据表的定义

对数据库进行操作，需要使用名为**SQL**的编程语言。一个数据库中存在多个像Excel表格那样的“表”，我们需要使用SQL对这些表格进行操作。在SQL中，不仅可以进行数据的登记、更新、删除操作，还可以对表和索引（Index）进行定义、更新和删除操作，如表6-2所示。

市面上数据库产品有很多，但**由于SQL是标准化的编程语言，因此基本上每家产品中都可以使用**。不过，由于不同厂商以方言的形式对其进行了专用的扩展，因此实际使用中需要注意有些功能是无法使用的。

确保一致性

数据库产品一般被称为**DBMS**（DataBase Management System，数据库管理系统）。在DBMS中，通常都提供了“确保数据的一致性”“设置访问权限保护数据”“合理处理事务”“创建容错备份”等功能，如图6-20所示。

程序员只需要使用SQL下达指令，就可以安全地对数据进行管理。

表6-2 **SQL的代表性功能**

分 类	SQL语句	内 容
数据模型的定义	CREATE语句	创建表和索引
	ALTER语句	修改表和索引
	DROP语句	删除表和索引
数据的操作	SELECT语句	从表中获取数据
	INSERT语句	在表中注册数据
	UPDATE语句	更新表中的数据
	DELETE语句	删除表中的数据
权限的操作	GRANT语句	授予表和用户权限
	COMMIT语句	确定修改表
	ROLLBACK语句	取消修改表

图6-20 **DBMS的效果**

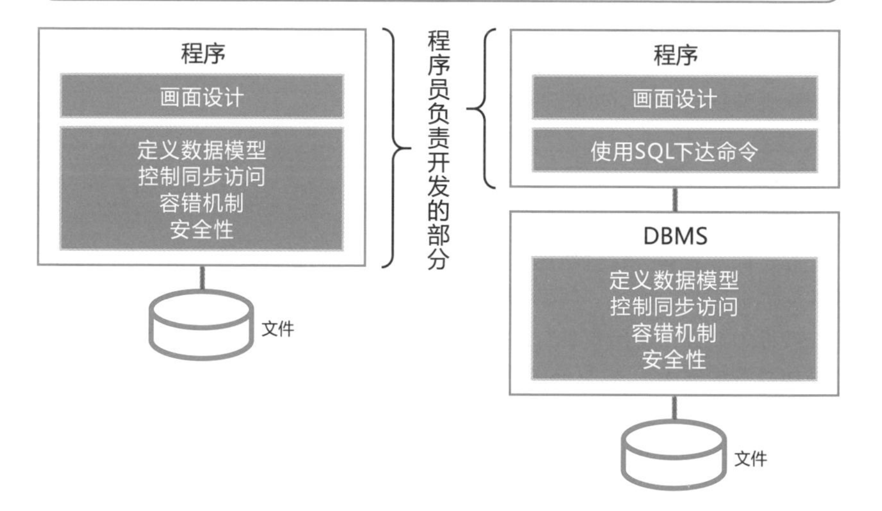

知识点

- 如果使用数据库，就可以将数据的管理工作交给DBMS负责，可以在确保一致性的同时安全地保存数据。
- 数据库是使用名为SQL的编程语言进行操作的。

》确保数据一致性的技术

禁止其他人同时使用数据

互联网提供的服务是可以供大量用户同时进行访问的。此时，就要求**即使多人同时引用同一数据，或者同时更新数据，也不会产生冲突并且可以顺利执行处理**。这种处理方式被称为**并发控制**。

我们可以想象一下A先生打开文件，往文件中添加数据并保存的场景。在A先生添加数据的时候，如果B先生打开了添加数据之前的文件，并进行了修改和保存，那么A先生修改的数据就会丢失。

因此，当某个人正在使用数据时，我们就需要想办法防止其他人修改同一数据。这种处理机制被称为**独占控制**。独占控制的方法包括悲观性独占控制和乐观性独占控制，如图6-21所示。

集中执行更新处理

对于那些只有一部分数据处理成功，而剩下的处理都失败了，无法确保数据库的一致性的情况，就需要将**多个处理作为一系列的流程来处理**。这种方式被称为**事务**。使用**事务**，就可以集中执行多个处理，并将处理结果分类到成功或失败当中。

来看一个关于事务的示例，如图6-22所示。在银行的转账处理中，当A先生转账给B先生时，就需要在A先生的账户进行付款处理，在B先生的账户进行收款处理。如果将这两个处理分开进行，即使付款的处理成功了，当收款的处理出现问题时，这笔钱就会凭空消失。

因此，将这些处理集中起来作为事务执行就可以做到，当付款和收款双方都执行了处理就表示成功，任何一方失败时就取消整个事务的处理。

如果在上述处理中再加上B先生也从自己的账户向A先生转账的话，由于两个人都在同时使用账户，因此两个人都无法更新数据。这样的状态被称为**死锁**。

图6-21 独占控制

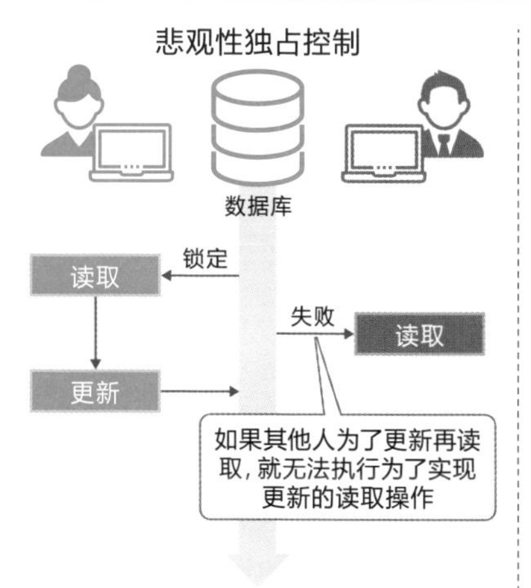

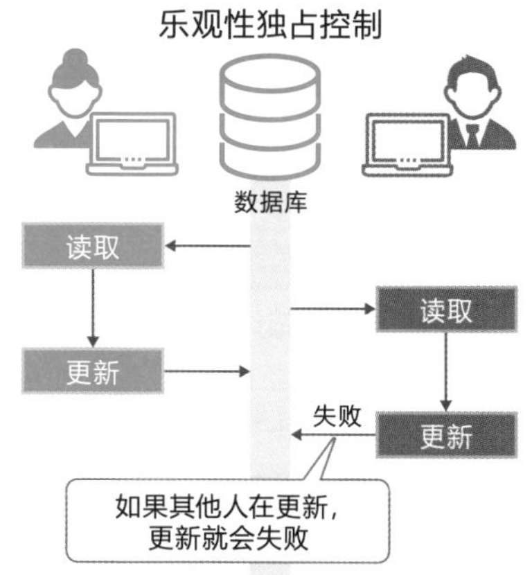

图6-22 事务与死锁

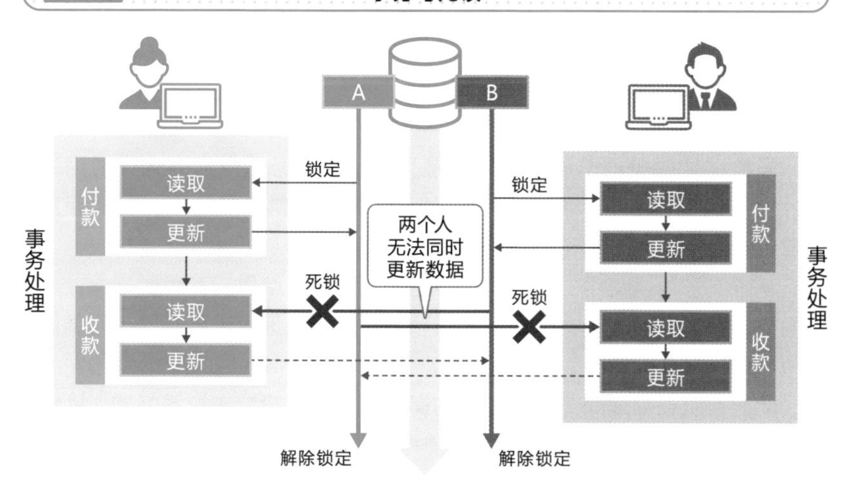

知识点

- 数据库提供了即使多人同时更新相同的数据，也可以确保数据一致性的机制。
- 多个处理同时更新数据，而导致任何一个处理都无法执行的状态被称为死锁。

租用服务器提供服务

租用互联网上的服务器

运营Web网站时，虽然可以采用自己构建Web服务器的做法，但是如果是24小时不间断运行，不仅耗电，而且监控工作也会很辛苦。此时可以考虑与提供专门用于运营Web网站的服务器的运营商签订包月或包年合约。

在一个物理服务器上已经完成操作系统、数据库、Web服务器的安装，并在互联网上公开的服务器被称为**租赁服务器**。

由于是多个Web网站的运营者共享同一个服务器的资源，因此Web网站的运营者是**无法修改操作系统、数据库、Web服务器的设置**的；访问者只能访问和浏览运营者设置的文件，如图6-23所示。

自己管理互联网上的服务器

虽然租赁服务器价格低廉，但是只能使用服务器供应商允许使用的功能。由于仅限于使用Web服务器和邮件服务器等常用的功能，因此用户无法自由地使用其他工具和编程语言。

从限制了可以使用的功能，运行也完全可以交给供应商负责来看，安全方面是比较让人放心的，但是如果希望能更加自由地管理服务器，租赁服务器就显得不那么合适了。

此时可以在物理服务器中安装的操作系统之上设置虚拟服务器，而将这种虚拟服务器作为产品提供给用户使用的就是**VPS**（Virtual Private Server，虚拟专用服务器）。

在VPS中，由于使用者可以获得虚拟服务器（客户机操作系统）的管理者权限，因此**可以自由地构建服务器，并导入工具**，如图6-24所示。但是，由于需要自己管理服务器，因此升级补丁等工作也需要自己来完成，否则在安全性方面难以让人放心。

图6-23 **租赁服务器**

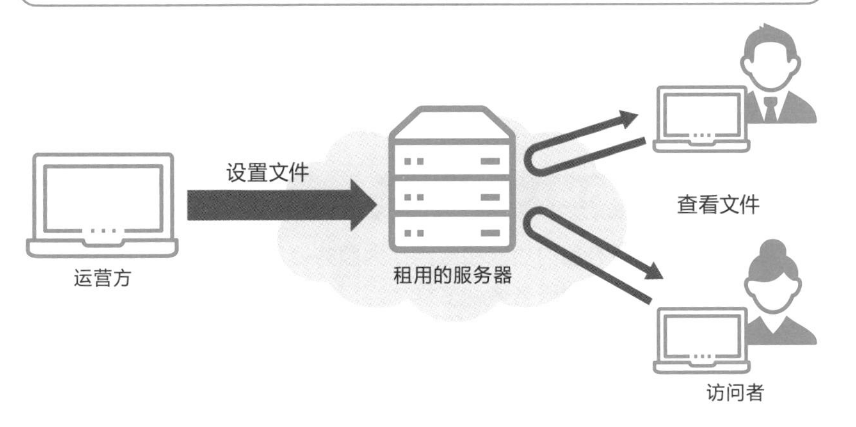

图6-24 **租赁服务器与VPS的区别**

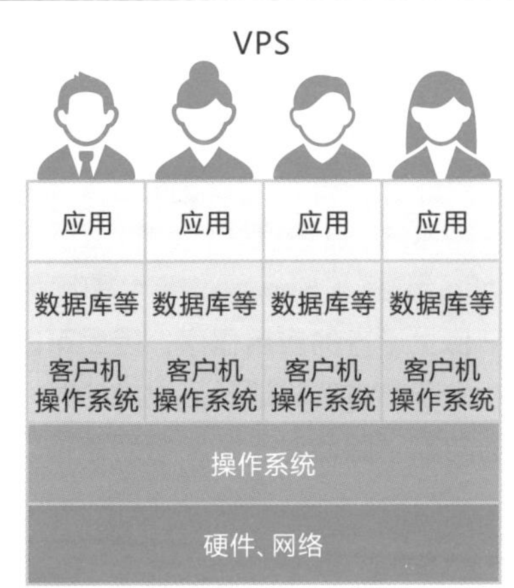

知识点

- 使用租赁服务器，即使自己不亲自构建服务器，也可以24小时365天不间断地在互联网的公有域中使用。
- 如果希望自由地使用Web服务器和邮件服务器之外的工具和编程语言，可以选用VPS。
- 使用VPS时，由于需要自己管理服务器，因此需要注意安全方面的隐患。

云计算服务

将云作为服务使用

通过互联网将服务器的功能和应用作为服务使用的方式称为云服务。我们通过云服务可以使用的服务多种多样，还可以根据服务内容和使用形态进行分类，如图6-25所示。

将应用作为服务提供给他人使用的形态称为SaaS（Software as a Service，软件即服务）。在SaaS中，由于供应商是连应用一起打包提供服务的，因此用户只需要**通过Web浏览器即可使用该应用**。虽然可以保存数据，但是无法修改应用和其中的功能。

将云作为平台使用

将操作系统等平台作为服务提供给他人使用的形态称为PaaS（Platform as a Service，平台即服务）。在PaaS中，由于用户可以自己提供在平台上运行的应用程序，因此**可以自由地开发和使用应用程序**。

由于节省了构建基础设施的时间，用户可以毫不费力地实现自己想要实现的功能，因此对于开发者而言可以说是一种非常便利的服务。

将云作为基础设施使用

将硬件和网络等基础设施部分作为服务提供给他人使用的形态称为IaaS（Infrastructure as a Service，基础设施即服务）。在IaaS中，**用户可以自由地选择操作系统和中间件，并在互联网上使用**。

虽然可以自由地选择硬件的性能和操作系统，但是用户需要具备操作系统、硬件以及网络相关的知识。虽然可以进行更加细致的设置，但是安全性方面也需要用户自己确保。

无论是哪种运用形态，云服务的特点是“只需为使用的部分付费”。我们可以根据需要实现的功能，有选择性地对这些服务进行区分使用，如图6-26所示。

图6-25 平台的比较

使用者需要准备的部分

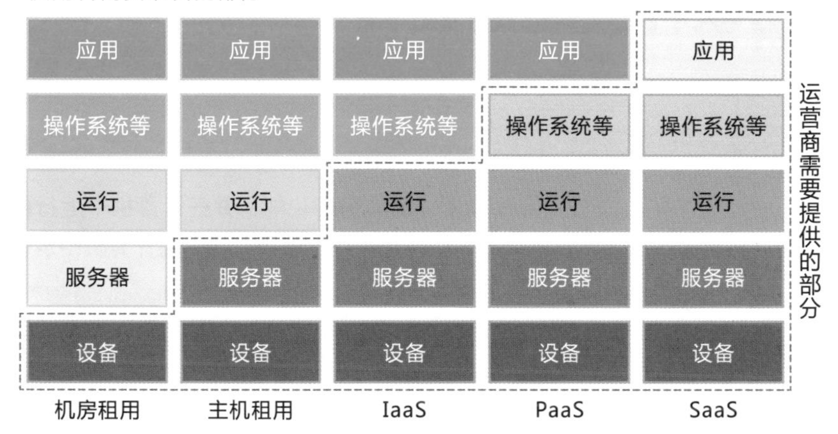

图6-26 平台的区分使用

希望费用和性能可以灵活调整

希望可以自由地选择服务器和工具

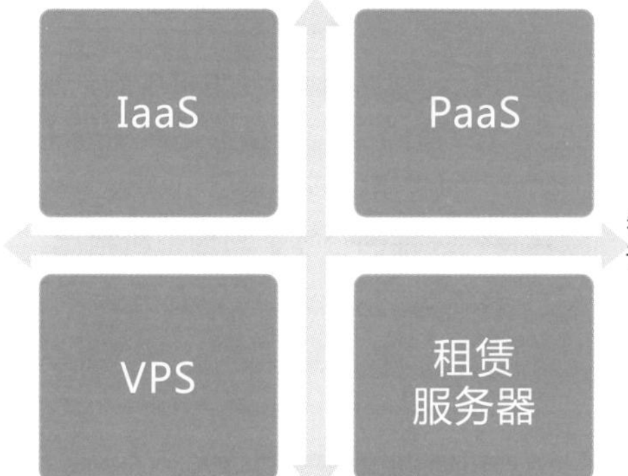

希望可以轻松地专注于应用的开发和运用

希望费用和性能都相对固定

知识点

- 云环境包括SaaS、PaaS、IaaS等运用形态，需要考虑好它们的使用自由度和注意要点再进行选择。
- 与VPS和租赁服务器相比，云服务虽然可以灵活地调整性能，但是费用也会根据具体的使用情况发生变化。

用软件实现的硬件

在计算机中运行多台计算机

通过软件实现CPU和内存等硬件所具有的功能，并在计算机中运行虚拟的计算机的技术被称为虚拟机。使用虚拟机，就**可以在一台计算机中运行多个虚拟出来的计算机**，如图6-27所示。

近几年的计算机，除了硬件具有较高的性能外，CPU的性能也有了提升。因此，如果可以运行多个虚拟的计算机，将负载平均化，不仅可以减少物理服务器的台数，还可以降低成本。但是，由于是在虚拟化软件上执行软件的处理，因此与物理硬件相比，性能会有所下降。

用容器管理操作系统

虽然虚拟机是一种使用方便的机制，但是每个虚拟机中都需要运行操作系统，不仅需要足够的CPU和内存，而且会消耗硬盘等存储设置。因此，人们就考虑到了使用容器型的应用执行环境。

Docker就是一款具有代表性的容器。与虚拟机相比，其启动时间更短，性能也更高。尽管操作系统是固定的，不过在开发环境中非常实用，如图6-28所示。

自动设置虚拟机

当需要管理多个相似的虚拟机时，每次都要进行设置是比较烦琐的。可以通过编写包含虚拟机的配置信息的设置文件，实现对虚拟机的构建和设置的自动化处理，而Vagrant就是其中具有代表性的工具。

只要创建好设置文件，就**可以很轻松地增加虚拟机的台数，而且还可以与其他系统管理员共享**。

图6-27 虚拟机与Docker

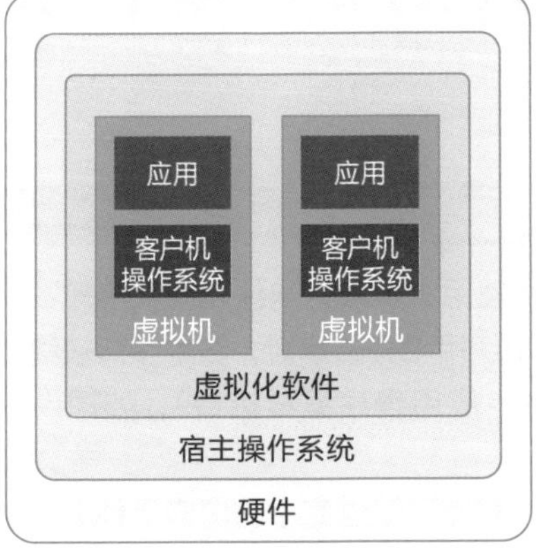

虚拟机的场合

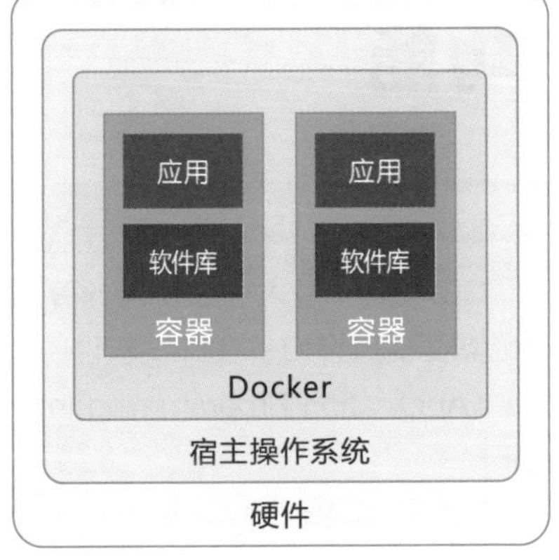

Docker的场合

图6-28 Docker的操作

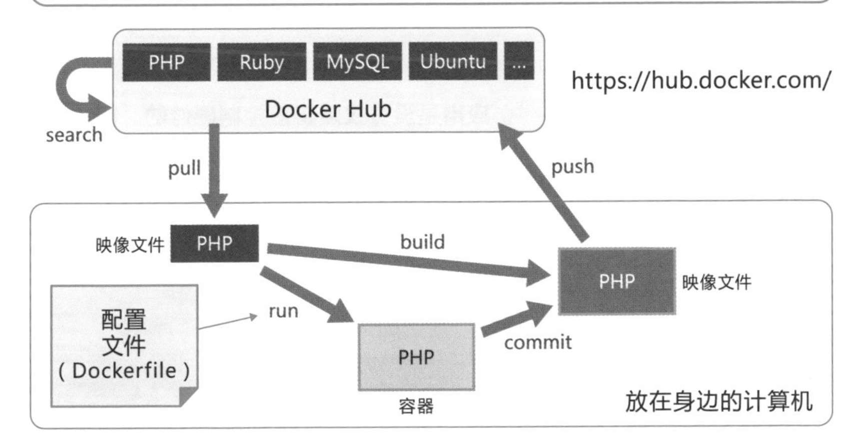

知识点

- 使用虚拟机软件，就可以在一台计算机中运行多台虚拟的计算机。
- 最近越来越多的企业选择导入Docker等容器型虚拟机，以构建更加灵活的虚拟环境。

调用操作系统和其他应用软件的功能

软件之间的接口

GUI和CUI是人们在使用计算机时所使用的接口，软件之间在传递数据时也需要使用接口。在开发软件的过程中使用现有的库时，这种接口被称为API（Application Programming Interface，应用程序编程接口），如图6-29所示。

我们根据提供的API编写处理代码，**即使不知道库中的内容是什么，也可以使用库所提供的功能**。既有用于调用操作系统所提供的功能的API，也有用于调用其他应用所提供的功能的API。

调用硬件功能

当开发控制硬件的软件时，**应用是没有权限直接控制硬件的**。因此，操作系统提供了应用可以使用的，控制硬件功能的名为系统调用的机制。与API一样，它也是通过调用使用。

由于在一般的程序中很少有使用系统调用的情况，因此它只适用于一部分对处理速度有要求的系统中。

结合运用多个服务

调用互联网中公开的Web服务，就可以与其他服务进行联动。这样的接口被称为Web API，如图6-30所示。此外，将多个Web服务联动并创建新的服务的做法被称为混搭，如图6-31所示。

例如，创建搜索活动信息的应用时，将地图和搜索路线的API相结合，就可以为访问活动的人们提供便利的服务。

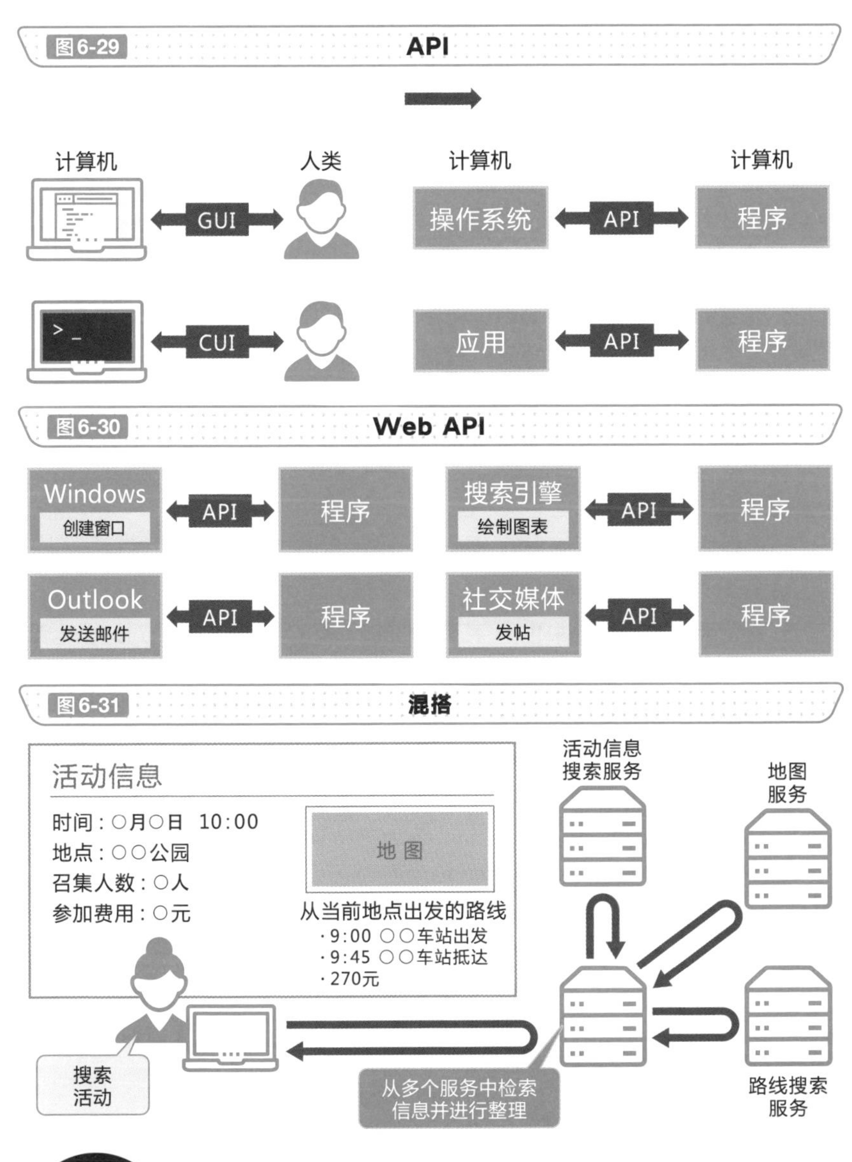

知识点

✐使用API，可以在软件之间传递数据。

✐如果用混搭的方式提供服务，可以提高用户在使用上的便利性。

了解版本管理系统

管理文件版本的标准工具

在开发的过程中，有时会希望将程序还原到以前的版本。此外，将源代码从开发环境转移到生产环境时，有时不想复制所有的代码，而只想使用差分复制。

这种情况下就可以使用版本管理系统。这是一种对“谁在什么时候对它作了什么修改”“哪一个是最新的版本”等变更内容进行管理的软件。近几年最受欢迎的是Git。

与传统的版本管理系统整体只有一份管理历史代码的仓库（存储库）不同，被称为“分布式版本管理系统”的Git是将代码仓库分散到多个位置保存。开发者手头的计算机中也保存了本地的代码仓库，平时只要对这个仓库进行管理即可，如图6-32所示。

在与其他开发者共享代码时，可以将本地代码仓库中的变化反映到远程代码仓库。由于**即使没有连接网络也可以使用本地代码仓库进行版本管理**，因此可以极大地提升开发效率。

使用方便的GitHub

虽然也可以在公司内部的服务器中设置Git的远程代码仓库，不过使用GitHub服务会更方便。GitHub不仅具备Git的远程代码仓库功能，还提供了可以委托其他开发者审核、通知、记录的名为Pull请求的便利功能，如图6-33所示。

集中管理的Subversion

与Git这样的分布式版本管理系统不同，Subversion是使用一个代码仓库进行管理的、具有代表性的集中型版本管理系统。最近的主流虽然是Git，但是现在也有很多项目使用的是Subversion。

图6-32 Git的操作

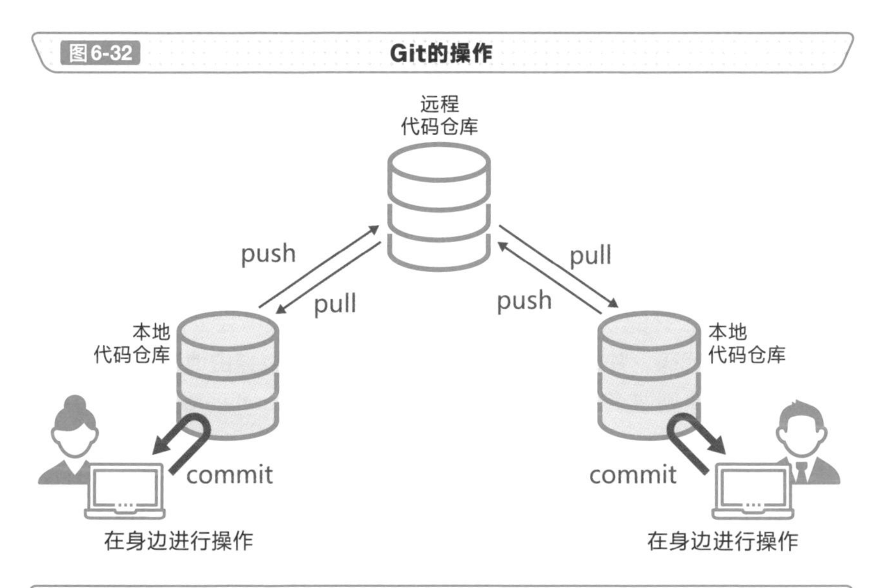

图6-33 GitHub中的Pull请求

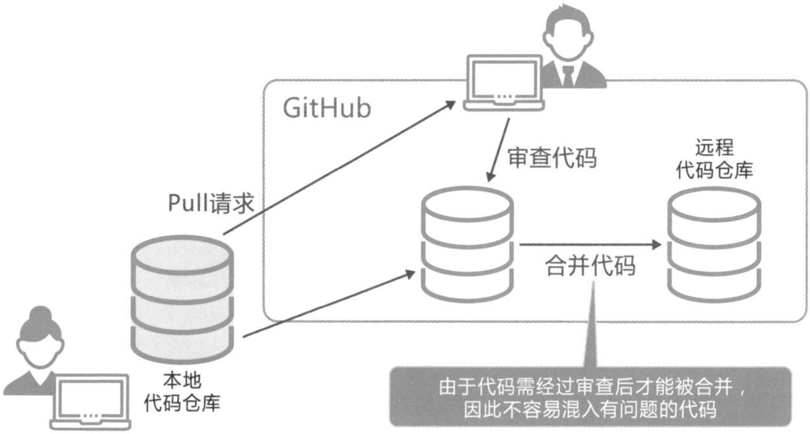

GitHub
审查代码
远程
代码仓库
Pull请求
合并代码
本地
代码仓库
由于代码需经过审查后才能被合并，
因此不容易混入有问题的代码

知识点

- 版本管理系统作为修改文件时管理差分和更新记录的方法，较为有名的是Git和Subversion。
- GitHub作为Git的远程代码仓库是一种具有代表性的服务。

» 免费公开的源代码

公开源代码的效果

虽然免费公开的软件被称为免费软件，但是一般不会公开源代码。另外，**公开了源代码，并且可以免费使用，而且谁都可以自由地进行修改并再次发布的软件**则被称为**开源软件**（Open Source Software），如图6-34所示。

开源软件并不是由特定的企业开发的，大多数是由有关人士组织的社区开发的，而且有很多程序员参与开发。由于开源软件通常都可以自由地使用，因此我们可以通过阅读源代码来学习，还可以修改其中一部分代码来开发改良版本的软件。

理解许可协议的差别

虽说开源软件是公开源代码的，但也并不意味着可以无限制地使用。如表6-3所列，其中规定了**许可协议**，比较有名的是GPL、BSD、MIT等许可协议。因此将修改后的软件发布时，有时还需要同时公开其源代码。

使用开源软件开发商用软件，并在不公开源代码的情况下销售时，需要**注意许可协议中的内容**。图6-35中给出了使用者的权利范围。

使用开源软件时的注意点

由于开源软件的源代码是公开的，因此有时很容易发现漏洞。由于负责开发的社区并不是企业，因此应对这些问题也需要花费时间。还有些程序甚至几乎没有人进行维护。

因此，在发现漏洞之后，其他开发者可以进行修改是开源软件的优点，不过希望大家能够理解它存在的缺点。

图6-34 开源软件与普通软件的区别

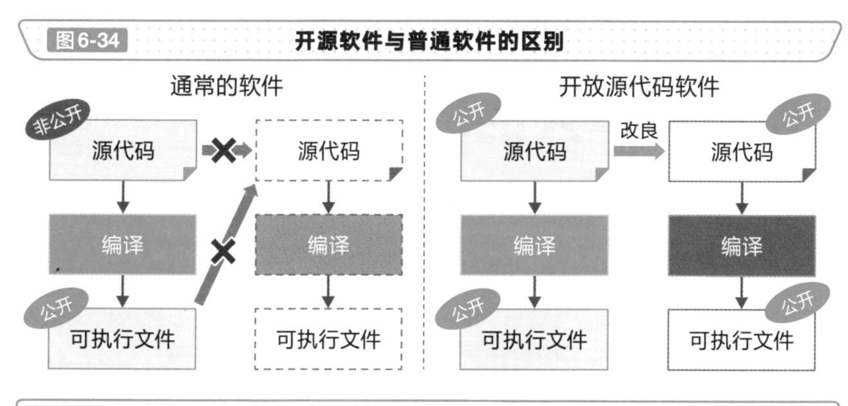

表6-3 开源软件的许可协议

分类・类型	许可协议的示例	公开修改部分的源代码	公开其他软件的源代码
CopyLeft类型	GPL、AGPLv3、EUPL等	需要	需要
准CopyLeft类型	MPL、LGPLv3等	需要	不需要
非CopyLeft类型	BSD License、Apache 2.0 License、MIT License等	不需要	不需要

引自：根据日本信息处理推进组织制作的《关于开源软件协议对比以及使用动向和争议调查的调查报告书》。

图6-35 使用者的权利范围

资　源	作者的权利	使用者的权利
书籍	出版、印刷、改版……	阅读
音乐	录音、演奏、编曲……	倾听
软件	复制、发布、修改……	执行

开源软件的场合，使用者允许使用的范围可能会有些变化

知识点

- 开源软件是免费公开的，但是需要根据其规定的许可协议使用。
- 由于存在一些没有人进行维护的开源软件，使用时需要注意漏洞等问题。

还原其他人的软件

从可执行文件中创建源代码

在开发商用软件时，软件的源代码是非常重要的资产。如果源代码被其他公司窃取，他们就能轻松地开发出类似的软件。因此，一般只会发布经过编译的机器语言的可执行文件。

而对于竞争对手而言，软件的实现方法是无论如何都想得到的信息。因此，就会想方设法从机器语言的可执行文件中还原出源代码和设计图。这一方式被称为**逆向工程**，如图6-36所示。

如果是硬件，只要进行分解就可以比较轻松地确认到内部的结构，但是要完全提取软件中的源代码是极为困难的。此外，**由于软件是有版权的，因此逆向工程的做法是存在法律风险的，**并且有时会被合同禁止。

避免泄露源代码的风险

即使是公司自己的产品，如果丢失了源代码，必须尽可能地从可执行文件恢复源代码。这就需要尽量地将机器语言转换为人类能够阅读的形式。

反汇编器就是进行这类转换的工具。这种转换操作被称为反汇编。正如其名称所示，只是将汇编语言转换为机器语言的处理反向转换而已，因此得到的语言也只是汇编语言程度的代码（最近也有使用中间语言的语言，对于人来说大概能够读懂）。

而**反编译器**则是可以转换出高级语言的源代码的工具，但是在大多数编程语言中实现起来都是极为困难的，而且也并不表示可以生成与实际的源代码相同的代码。近几年由于代码混淆技术的大量运用，因此大家可以认为这种方式能为恢复代码做的贡献也就只是作为一个参考而已，如图6-37所示。

图6-36 从可执行文件中提取源代码

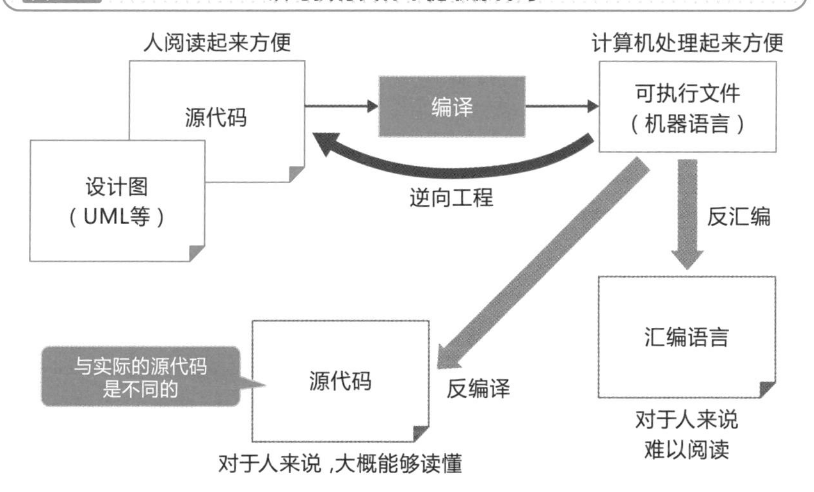

图6-37 代码混淆的示例

```
function fibonacci(n){
    if ((n == 0) || (n == 1)){
        return 1;
    } else {
        return fibonacci(n - 1) + fibonacci(n - 2);
    }
}

let n = 10;
console.log(fibonacci(n));
```

代码混淆，增加阅读难度

```
var _0xbee9=["¥x6C¥x6F¥x67"];function
a(b){if((b==0)||(b==1)){return 1}else {return
a(b-1)+ a(b-2)}}let
c=10;console[_0xbee9[0]](a(c))
```

知识点

- 我们可以通过逆向工程将可执行文件还原成源代码。
- 如果是采用了代码混淆技术，即使使用反编译，得到的代码也与实际的源代码相去甚远。

了解安全漏洞

一般用户注意不到的问题

软件是由人类创造的，那就说明肯定会存在问题。如果只是一般的问题，由于会产生与用户所期望的功能不同的行为，因此用户也可以察觉到。

但是，如果在安全性方面出现问题，很多人是察觉不到的。这类安全性方面的问题称为**漏洞**。如果带有恶意的攻击者发现了漏洞，他就会针对这一漏洞发起攻击，从而带来病毒感染、信息泄漏、篡改等危害，如图6-38所示。

安全漏洞与漏洞具有相似的意思。漏洞不仅指软件漏洞，还可以指“硬件漏洞”或者“人为漏洞”。也就是说，漏洞这个词可以指任何安全性方面的问题，使用非常广泛，但是安全漏洞主要是指与软件相关的漏洞，如图6-39所示。

内存管理不当引起的攻击

对计算机中安装的软件发起的攻击，是利用错误的内存管理实现的，被称为**缓冲区溢出**。

缓冲区溢出是一种利用**访问超出程序员预期的区域的数据**来实施的攻击，可分为堆栈溢出和堆溢出等不同的类型。

例如，调用函数时，需要为变量分配内存空间，保存函数的返回指针信息，如果输入的数据超出了为其分配的内存范围，就会覆盖掉其他的变量和函数的返回指针，如图6-40所示。由于函数的返回指针是可以修改的，那么就可以执行攻击者所期望的任意的处理。

图6-38 缺陷与漏洞的区别

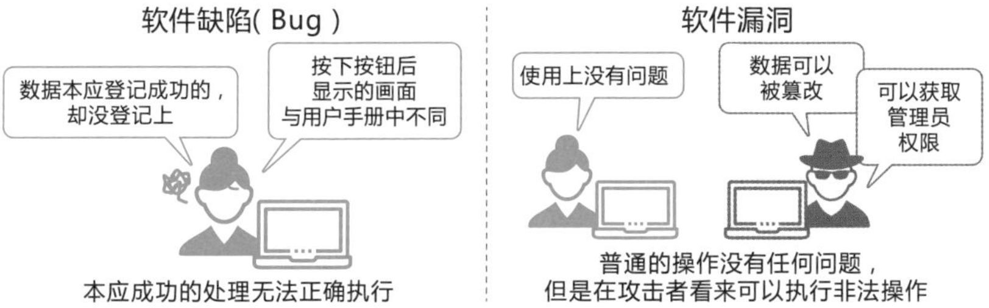

软件缺陷(Bug)
数据本应登记成功的，却没登记上
按下按钮后显示的画面与用户手册中不同
本应成功的处理无法正确执行
软件漏洞
使用上没有问题
数据可以被篡改
可以获取管理员权限
普通的操作没有任何问题，但是在攻击者看来可以执行非法操作

图6-39 漏洞与安全漏洞的关系

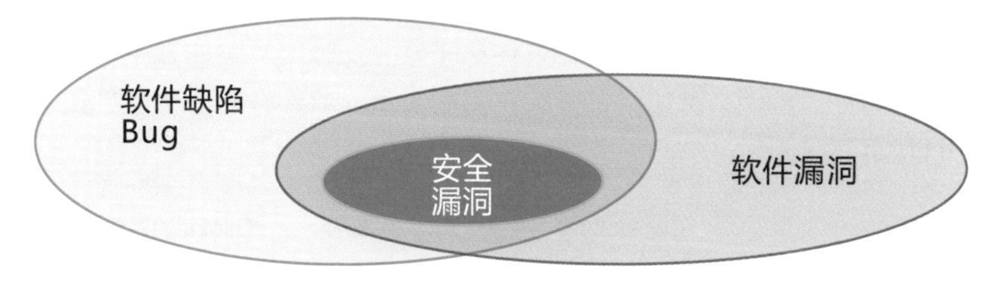

软件缺陷 Bug
安全漏洞
软件漏洞

图6-40 缓冲区溢出的示例

数据输入之前（分配内存空间）
为变量分配的内存空间
其他的变量
函数的返回指针
输入的数据
数据输入之后（内存空间被占据）
输入的数据
其他内存空间也被覆盖

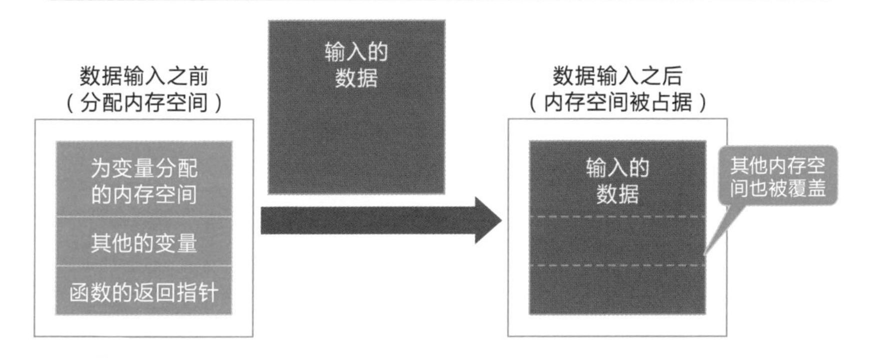

知识点

- 如果软件存在漏洞，虽然普通的用户也能够正常使用，但是攻击者可以利用这一点来实施各种攻击。
- 与内存管理相关的漏洞中，具有代表性的是缓冲区溢出。

开始实践吧

尝试查看Web应用的Cookie

接下来，尝试确认实际使用的Web应用会将什么样的内容保存到Cookie中。这种情况下，需要使用Web浏览器的开发者模式。

例如，如果是Google Chrome，其中提供了“Chrome开发工具”。在打开窗口的状态下，如果是Windows系统，按下Control+Shift+I组合键或者F12键，如果是Mac操作系统，则按下Command+Option+I组合键就可以启动。

打开页面后，查看Application→Storage→Cookies，就会显示打开的网页使用的Cookie。例如，打开京东网的首页，就会看到它使用了如图6-41所示的Cookie。

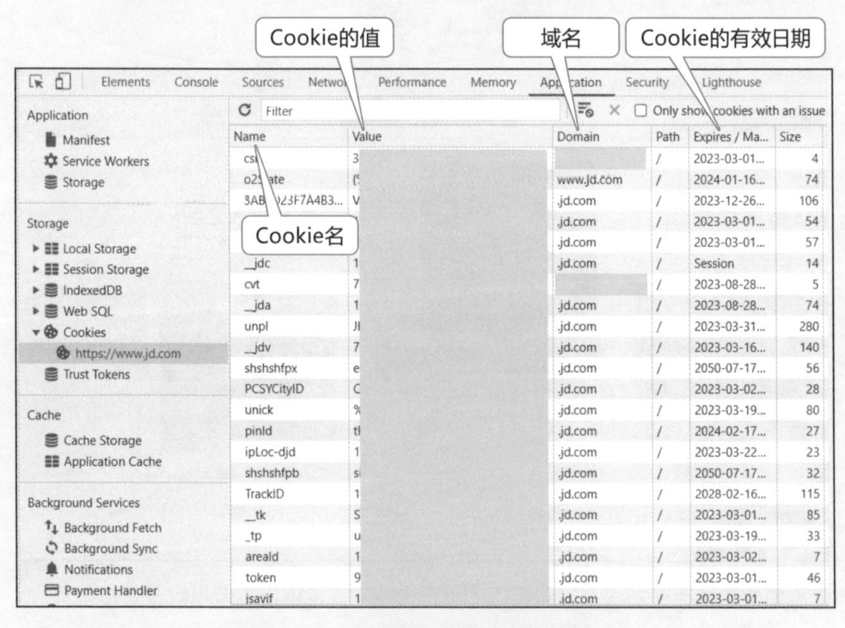

图6-41　京东网首页使用的Cookie

大家可以查看自己经常浏览的Web网站，看其中使用了什么样的Cookie。

附录 常用术语

● "→"后面的数字是术语相关的章节编号。
●带有"※"的项是未在本书正文中出现过的相关术语。

※ ACID (→6-10)

是一种数据库在处理事务时所必备的特性，由Atomicity(原子性)、Consistency(一致性)、Isolation(隔离性)、Durability(持久性)的首字母构成的术语。

CI/CD (→5-10)

提交源代码后，不仅会自动进行构建和测试，而且还保持在随时可以发布软件的状态。

※CRUD (→6-10)

是指在数据库中操作数据的基本功能，由Create(增加)、Read(读取)、Update(更新)、Delete(删除)的首字母构成。

DOM (→6-7)

将HTML 这样的文档以方便程序处理和操作的形式进行表示的机制。不依赖于任何编程语言，所有语言都可以用相同的接口进行访问。

※EOF (→3-9)

它是End Of File 的缩写，是表示文件结束的特殊符号。在程序处理文件时，可用于判断是否读取到了文件的最后。

FDD (→1-8)

专注于客户所重视的功能价值（Feature）的开发方式。从商业角度挑选出必要的功能，不断地反复开发。FDD是用户功能驱动开发的缩写。

※LOC (→5-8)

它是Line Of Codes 的缩写，指的是源代码的行数。可在软件开发时，作为衡量项目规模的一种指标。

lorem ipsum (→6-1)

在对软件画面的图片进行说明时，为了表示加入了某种文章而使用的虚构文本。文章本身并没有什么意义，只是用于展示设计。

QA（品质保障） (→1-9)

针对开发的软件的质量，从客户的角度检查和判断其是否达标的机制。也需要将出货后的客户满意程度考虑在内。

RPA (→1-3)

是指一种在计算机中虚拟出来的机器人，可以根据指定规则自动地执行处理。由于不具备编程知识的使用者也可以使用，因此能有效地提高办公事务的效率。

RUP (→1-8)

是一种以针对每个组织和项目专门定制使用为前提的开发方法。以名为用例的系统行为为中心进行思考，并以迭代的方式推进开发。是Rationac Unified Process(统一软件开发过程)的缩写。

UML (→5-20)

在面向对象的设计和开发中，用统一格式表示的建模语言。使用通俗易懂的图表表示，避免因人和语言的不同而造成认知上的差异。

XP (→5-12)

是一种认为需求会发生变化是理所当然的事情，并积极响应变化的开发方法。相较于文档更重视源代码。是Extreme Programming(极限编程)的缩写。

※unload (→6-10)

将数据保存到数据库中、将程序读入到内存中等操作被称为load，而unload是与之相反的操作，是指将数据从数据库中提取、从内存中删除程序等。

※ 事件驱动 (→2-12)

是一种当用户的键盘输入和鼠标操作等事件发生时会被执行的程序。平时处于待机状态，当产生事件时就会执行指定的处理。

※ 增量 (→3-5)

是指将变量的值加1的运算。相反的，将变量的值减1的运算被称为减量。此外，通过积累小的工作成果来推进的开发方式被称为增量开发。

实例 (→5-15)

是指在面向对象编程中，从类中生成的实体。实例是保存在内存中的，每个实例都被分配到了不同的内存空间中。

接口 (→5-19)

是指将多个对象连接在一起的部分。包括连接设备的标准、人类使用计算机时的设备外观、面向对象编程中处理多个类时的类型等，广泛用于各种不同的领域中。

验收测试 (→5-4)

是指采购方针对完成开发的软件进行的测试。确认是否实现了所要求的功能，如果没有问题就完成验收。

溢出 (→3-12)

当传递数据的数量超出了指定内存空间中最大可保存的量时，就会导致该内存空间溢出。不仅包括数值的溢出，还有堆栈溢出、缓冲区溢出等。

对象 (→5-15)

是指在面向对象编程中，从某个类生成的实体的总称。很多时候其含义与实例相同。

※ 内部部署 (→6-13)

是指在公司内部构建和运用服务器。可以灵活地定制，在安全层面上安全性也高，但是当系统出现问题时需要公司自己解决。在使用上比云服务更普及。

※ 环境变量 (→3-4)

是指操作系统为了保存在多个程序间共用的设置而提供的变量。可以针对单个用户或整个计算机进行设置，因此该用户或计算机中可以使用相同的变量值。

※ 关系模型 (→5-13)

是现代关系型数据库的基础模型，使用名为表的二维表格对数据进行管理，具有选择、映射、合并等功能。

※ 缓存 (→6-5)

是一种将使用过一次的数据暂时保存，下次再使用时可以高速进行访问的机制。

队列 (→3-16)

是一种按照保存的顺序将数据提取出来的数据结构。就像在街上排队一样，有时也被称为等待队列。

云 (→6-13)

是指通过互联网提供的各种各样的服务。根据服务内容和服务形态的不同，可分为SaaS、PaaS、IaaS等。

类 (→5-15)

在面向对象编程中，类相当于是由数据和操作组合而成的设计图。

全局变量 (→4-6)

是一种无论从程序中的哪个位置都可以访问的变量。如果懂得如何使用是非常方便的，但是有可能导致数据被意外地改动，容易出现出人意料的Bug。

继承（Inheritance） (→5-16)

是指在面向对象编程中，扩展现有的类来创建新的类。优点是可以减少重复代码，提高代码的重复利用率。

结构解析 (→2-9)

是指将文章分解为单词，并将它们之间的关系图表化并进行解析。在编程语言中，是指解析源代码，并将其转换为程序的一种处理。

回调函数 (→6-2)

是指作为函数的参数传递给函数，并在被调用的函数中，执行作为参数传入的函数。常用于框架和软件库中。

※ 连接池 (→6-10)

是指当程序多次访问同一数据库时，不是每次都进行连接和断开操作，而是将连接一次之后的信息保留下来，并重复使用。虽然会占用内存，但是可以避免负载过高。

递归 (→4-7)

是指在函数内部再次调用函数自身。如在树形结构中的查找等，在跨越多层数据反复执行相同处理时使用。

子类 (→5-16)

是指在面向对象编程中，从某个类继承创建的类。子类可以继承父类的特性，并且可以定义新的数据和操作。

※ 阈值 (→4-2)

是指条件分支的边界值，作为改变动作的基准使用。

实数类型 (→3-7)

是指用于处理实数的数据类型。由于实数的数量是无限的，无法使用计算机进行处理，因此通常都是使用浮点数来表示。

真值 (→3-2)

是指表示真假的值。不同的编程语言，其表现形式也不同，但是经常使用True和False、1和0 等值来表示。

※ 脚手架 (→6-2)

是指创建配备了一般应用所具备的基本功能的骨架。常用于框架中，只需要执行命令，就可以自动生成应用程序所需要的文件。

Scurm (→1-8)

是一种将软件开发划分为较短的期间，并反复地在该期间内进行设计、实现、测试，从优先级别较高的项目开始推进开发的方法。这是一种团队高效推进开发的方法。

堆栈 (→3-16)

是一种将最后保存的数据最先提取出来的数据结构。不仅用于将数据保存到数组中，还用于在调用函数时指定返回地址的“调用栈”。

※stub (→5-12)

是指在测试程序时，当某个模块还未实现某些功能时，用于替代这个模块执行的哑模块，当被测试对象调用时负责返回合适的数据。

※ 存储过程 (→6-11)

是指一种保存在数据库中的函数，负责将数据库中的多个处理集中进行处理。通过事先编译可以实现高速处理，也可以简化调用方的程序。

※ 面条式代码 (→5-11)

是指编写得错综复杂，开发者难以理解其处理流程的代码。虽然有时不会影响程序的正常运行，但是由于难以维护，因此很有可能成为问题的温床。

迭代计划 (→1-8)

Scrum 中的一个开发期间被称为一个迭代（冲刺）。在迭代开始前确定开发的内容，团队整体承诺将在多长时间内在多大程度上实现哪个任务。

迭代评审 (→1-8)

是指在迭代结束时召开的会议。团队成员和相关人员参与其中，针对已经解决的问题和尚未解决的问题，以及解决问题的方法进行讨论，并将积累的经验用于下次的迭代中。

※ 吞吐量 (→4-14)

是指在单位时间内可处理的数据量。例如，网络在一定时间内可传输的数据量、程序在一定时间内可处理的数据量等，在表示数据处理能力时使用。

※ 正则表达式 (→3-9)

是指按照某一规则将字符串以某种格式来表示的方法。例如，在文章中查找特定的字符串时，不是根据指定的内容，而是根据指定的格式来查找。

漏洞 (→6-19)

是指软件中存在的安全方面的问题。虽然一般用户无法注意到，但是如果被攻击者利用，就会给用户带来危害。

※ 静态类型绑定 (→2-6)

是指对于变量、函数的参数、函数的返回值，在编译时就确定这一变量的数据类型。

设计 (→1-7)

是指针对需求定义中确定的内容，讨论如何实现，并编写文档的工作。大多数情况下，我们会将基本设计和详细设计分开进行思考。

※ 信号量 (→6-11)

是指在实现独占访问时，用于表示该资源还能够被使用多久的值。此外，在多个进程同时运行的场合中，对处理状态进行同步时也会用到。

※ 返祖 (→6-16)

是指由于在没有意识到是旧的源代码的情况下推进了开发，或者错误地公开了旧版本的程序，丢失了已经开发的功能，再次发生早已修正过的问题。它也被称为降级。

软件指标 (→5-8)

是指定量地表示源代码的规模、复杂度、可维护性的值。早期发现难以维护的代码，并使用静态分析工具进行测量，减轻代码维护的负担以提高软件质量。

※ 鸭子类型 (→5-19)

在面向对象编程中，如果是包含同名方法的对象，那么即使是从没有继承关系的类生成实例也是可以处理的。

单精度 (→3-7)

是指在浮点数的IEEE 754 规范中，用32 位表示小数的格式。

Dump (→5-7)

是指为了进行调试，将内存中的内容和文件中的内容输出到画面或文件中的做法。大多数情况下，是采用十六进制数输出，并对其内容进行检查。

每日站会 (→1-8)

是指每天进行的 15 分钟左右的活动，讨论并检查上一次的工作内容和预测下一次的工作任务，思考如何优化工作方式以更快达成目标。

数据建模 (→1-9)

是指整理系统处理的数据项目和关系，并通过可视化处理使开发者达成共识。通常使用E-R 图和UML来表示。

测试 (→5-3)

是指对开发后的软件是否能够正常运行进行检测的工作。不仅需要确认正确的数据是否可以正常处理，也需要对传递非法数据时，程序是否能够执行适当的处理进行确认。

测试驱动开发 (→5-12)

是指以测试为前提，推进开发的开发方式。将设计式样编写成测试代码，并在确认实现的代码是否能够通过测试的同时推进开发。

※ 动态类型绑定 (→2-7)

是指对于变量、函数的参数、函数的返回值，不是在编译时确定该变量的类型，而是在执行程序时，根据实际保存的值来判断变量类型的做法。

人月、人日 (→5-26)

是指将开发所需的工作量以数值来表示时所使用的

单位。1 人月是指一个工程师一个月可完成工作量的大致目标。如果是3 人月，就是指1 个人需要花费3 个月的时间才能完成的工作、3 个人只需一个月就能完成的预估工作量。

双精度 (→3-7)

是指在浮点数的IEEE 754 规范中，用64 位来表示小数的格式。

管道（Shell） (→2-11)

是指将某个命令的标准输出连接到其他命令的标准输入的做法。中间不需要通过文件，可以在不同程序之间直接传递数据。

哈希函数 (→3-13)

是指对传递过来的值进行某种转换的函数。这种函数被设计成相同输入可以得到相同的输出，但是从多个输入很少能够得到相同输出的模式。

※ 哨兵 (→3-9)

是指用于表示数据结束等边界的特殊的值。用于循环等结束条件中，可达到简化条件判断的效果。

※ 模糊测试 (→5-5)

是指一种为了确认程序的问题和漏洞，对可能存在问题的各种数据进行测试，确认是否存在异常动作的测试方法。

※ 分支 (→6-16)

是指在版本管理系统中，从主系统分离出来，单独推进开发的那些分支的流程。将分离后的分支代码整合到一起的操作被称为合并。

框架 (→6-2)

是指可应用于大量软件开发中，将通用功能作为基础平台提供给开发人员使用的可重用设计或应用骨架。

结队编程 (→1-10)

是指两人以上的程序员使用一台计算机共同创建程序。还有由此发展而来的Mob 编程。

指针 (→3-14)

是指程序中，用于保存变量在内存中的位置（地址）的数据类型。访问指针中保存的地址就可以操作变量和数组。

※ 补码 (→3-2)

是指加上后就会产生进位的数当中，值最小的那个数。主要用于二进制运算。使用计算机处理整数时，会使用“2 的补码”来表示负数值。

里程碑 (→1-8)

是指在FDD 中，以Feature（特性）为单位划分出领域演练、设计、设计检查、编码、代码检查和构建这6个步骤对进度进行管理的方法。

尾递归 (→4-7)

是指在递归的函数中，该函数的最后一步（将返回值返回的部分）只是调用自身的递归，而该函数内其他的步骤则不会调用自身的递归。

估算扑克（规划扑克） (→1-8)

在估算工时时，像扑克牌一样使用卡片，由开发成员相对地决定开发工时的方法。单位是虚构的，根据与实际结果的对比来确定日程安排。也称为规划扑克。

※ 匿名函数 (→4-4)

是指虽然对内容进行了定义，但是却没有命名的函数。虽然要调用函数需要使用名称，但是如果是回调函数，名称则不是必需的，因为它仅作为参数传递，是可以省略的。

※Mock (→5-12)

是指在测试程序中，当某个模块还未实现某些功能时，用于替代这个模块执行的哑模块。它是一种虽然配备了必要的接口，但是没有提供实际内容的模块。

返回值 (→4-4)

是指调用函数时，在函数的所有处理都完成时，从函数返回到调用者的值。大多数情况下是返回函数中的处理结果，以及有无错误等内容。

用例驱动 (→1-8)

在RUP 中，为了明确开发的对象，在设计、实现和测试等开发的各个阶段以用例为中心推进开发。

需求定义 (→1-7)

在开发软件之前，听取客户的需求并根据这些需求，与客户一起对需要实现的范围和质量等进行调整和确定，并将确定的内容制作成需求定义文档。

库 (→6-2)

是一种将大量程序之间共用的便利功能集中在一起制作而成的集合。

※ 随机数（Random） (→3-4)

就像掷骰子看掷出的是几个点一样，不知道接下来会出现什么的数字。计算机使计算产生的值看起来像一个随机数，因此称为伪随机数。

※ 随机库 (→6-2)

在执行程序时读取的库，是一种不同于可执行文件的，另外提供的使用方便的功能集合。如果是提供给多个程序共用的处理，就可以降低磁盘的占用空间。

精益 (→1-8)

是一种在重复假设验证的同时推进开发的方法。以最低成本进行开发并快速地将程序发布，确认客户或用户的反应，反复测试使用效果的同时持续进行改善。也被称为精益创业。

重定向（Shell） (→2-11)

从标准输入或标准输出更改命令的输入或输出。经常使用从文件输入，以及输出到文件等方法。

重构 (→5-11)

是指在不改变程序的行为的前提下，将源代码调整为更加优良的形式。常用于对那些由于添加新的功能而变得结构复杂、维护困难的代码进行修改和优化，并确保不会改变代码的执行结果。

异常 (→4-8)

在设计系统时没有预料到的，在执行时发生的问题。发生异常，系统就会停止，或者丢失处理中的数据。

※ 渲染 (→6-1)

是指将给予的数据变形并显示到画面中。例如，Web浏览器将接收到的HTML和CSS 数据调整布局并显示。

局部变量 (→4-6)

是指只能从程序中的一部分位置访问的变量，如函数内部。会在调用该函数时为变量分配内存，并在函数结束时释放变量内存。

逻辑类型 (→3-7)

是指处理真值的数据类型。也可以进行AND和OR这样的逻辑运算，还可用于条件分支中的条件判断。